JN296710

化学の指針シリーズ

編集委員会　井上祥平・伊藤　翼・岩澤康裕
　　　　　　大橋裕二・西郷和彦・菅原　正

量子化学

—— 分子軌道法の理解のために ——

中嶋　隆人　著

裳華房

QUANTUM CHEMISTRY
— AN INTRODUCTION TO MOLECULAR ORBITAL THEORY —

by

TAKAHITO NAKAJIMA

SHOKABO

TOKYO

「化学の指針シリーズ」刊行の趣旨

　このシリーズは，化学系を中心に広く理科系（理・工・農・薬）の大学・高専の学生を対象とした，半年の講義に相当する基礎的な教科書・参考書として編まれたものである．主な読者対象としては大学学部の2～3年次の学生を考えているが，企業などで化学にかかわる仕事に取り組んでいる研究者・技術者にとっても役立つものと思う．

　化学の中にはまず「専門の基礎」と呼ぶべき物理化学・有機化学・無機化学のような科目があるが，これらには1年間以上の講義が当てられ，大部の教科書が刊行されている．本シリーズの対象はこれらの科目ではなく，より深く化学を学ぶための科目を中心に重要で斬新な主題を選び，それぞれの巻にコンパクトで充実した内容を盛り込むよう努めた．

　各巻の記述に当たっては，対象読者にふさわしくできるだけ平易に，懇切に，しかも厳密さを失わないように心がけた．

1. 記述内容はできるだけ精選し，網羅的ではなく，本質的で重要な事項に限定し，それらを十分に理解させるようにした．
2. 基礎的な概念を十分理解させるために，また概念の応用，知識の整理に役立つよう，演習問題を設け，巻末にその略解をつけた．
3. 各章ごとに内容に相応しいコラムを挿入し，学習への興味をさらに深めるよう工夫した．

　このシリーズが多くの読者にとって文字通り化学を学ぶ指針となることを願っている．

「化学の指針シリーズ」編集委員会

まえがき

　物質は原子や分子から成り立っている．巨視的な立場でみると複雑な営みである生命現象や，長い時間をかけて変化し続けている宇宙の進化も，ミクロな立場でみると原子や分子どうしの化学反応の賜物として捉えることができる．量子化学は，このミクロの世界に化学の立場から光をあてる．量子化学の知識があれば，物質のもつさまざまな性質の起源は何かとか，反応性の違いが何に由来するかを理解することができる．量子化学は，化学的現象に関連するすべての学問や研究の基礎をなす学問だと言ってもいい．

　本書を執筆するのにあたって，実験化学者にもわかりやすい大学学部学生向きの教科書にするよう依頼された．そこで，多くの量子化学の教科書を読み返してみた．どれもつぼを押さえていて，わかりやすい．本書を one of them にはしたくなかった．そのため，本書ではこれまでに出版されているオーソドックスな初学者向けの量子化学の教科書とは少し異なり，量子化学の中でも特に分子軌道法を中心に据えて，基本から理解できるように努めた．これは，分子軌道法が現在の量子化学計算の中心的な役割を担っているためであり，理論化学を志す者だけではなく実験化学者にとっても，分子軌道法を理解することが今後はますます必要で重要になっていくと考えられるためである．また，本書の第6章や第8章では，最近の量子化学の計算方法や理論についても言及した．実験が主流の化学において，量子化学の先端研究がどのように役立つか垣間見ていただければうれしい．分子軌道法の専門書はこれまでにもいくつか出版されているが，多くは初学者向けには書かれていないように思われる．それらは，初学者や実験化学者には少し敷居が高いかもしれない．本書がそれらの専門書を理解するための橋渡しになれば幸いである．

また，初学者向けの量子化学の教科書としては多くの数式が現れてくるのも本書の特徴であろう．量子化学を理解するためには，読み飛ばしたりしないでほしい．特に，重要な項目に関しては丁寧に式を追っていけば理解できるよう配慮したつもりである．本書の内容を理解するために必要な数学を第9章として載せておいたので参考にしてほしい．もちろん，数式を追うだけでは本当に物事を理解したとはいえない．数式を追いながら，なぜこういうことをする必要があるのかとか，どうしてそういう考え方をするのかということを考えて読んでほしい．

　分子軌道法を中心に据えたとは言っても，量子化学の基本的なところは本書でも押さえているつもりである．しかし，オーソドックスな量子化学の教科書に載っているような量子論の歴史，分子の回転・振動の量子化，群論，原子価結合法などいくつかの事柄に関しては，紙面の都合もあり思い切って本文中から省略した．これらの項目についても知らないよりは知っておいたほうがもちろんいい．本書のコラムを利用して，これらの項目のいくつかについては簡単に説明しておいた．巻末に教科書をあげておくので，読者は参考にしてさらに勉強してほしい．

　最後に，本書を出版するのにあたって裳華房編集部の小島敏照氏をはじめ多くの方々のご支援を賜わった．心からお礼を申し上げたい．

2009年9月

中嶋　隆人

目　　次

第 1 章　量子の世界
- 1.1　量子化学と量子論　*1*
- 1.2　古典的な原子モデル　*2*
- 1.3　量子論的な原子モデル　*6*
- 1.4　シュレーディンガーの波動方程式　*7*
- 1.5　演算子と固有方程式　*8*
- 1.6　原子・分子のシュレーディンガー方程式　*14*
- 1.7　波動関数　*17*
- 1.8　1 次元の箱の中の粒子に対するシュレーディンガー方程式　*18*
- 1.9　調和振動子に対するシュレーディンガー方程式　*24*
- 演習問題　*29*

第 2 章　水素原子
- 2.1　水素原子のシュレーディンガー方程式　*31*
- 2.2　水素原子の波動関数　*37*
- 2.3　角運動量　*41*
- 演習問題　*43*

第 3 章　近似法
- 3.1　変分法と摂動法　*45*
- 3.2　変分法　*46*
- 3.3　摂動法　*49*
- 演習問題　*53*

第 4 章　分子軌道法
- 4.1　ボルン-オッペンハイマー近似　*56*
- 4.2　電子のスピン　*58*
- 4.3　分子軌道　*59*

- **4.4** ヒュッケル分子軌道法　60
- **4.5** 電子密度と結合次数　68
- 演習問題　71

第5章　ハートリー-フォック法

- **5.1** ハートリー-フォック法　75
- **5.2** パウリの排他原理　76
- **5.3** 行列式波動関数に対するエネルギー　79
- **5.4** ハートリー-フォック方程式　86
- **5.5** 軌道エネルギー　91
- **5.6** 空間軌道表現のハートリー-フォック法　92
- **5.7** ハートリー-フォック-ローターン法　96
- **5.8** Self-Consistent Field の手続き　100
- **5.9** 基底関数　102
- **5.10** 短縮ガウス型基底関数　104
- **5.11** クープマンスの定理　106
- 演習問題　109

第6章　電子相関

- **6.1** 電子相関　111
- **6.2** 分子に対する電子相関効果　113
- **6.3** 電子相関法　114
- **6.4** ポストハートリー-フォック法　116
- **6.5** 配置間相互作用法　117
- **6.6** 摂動法　119
- **6.7** クラスター展開法　120
- **6.8** 多配置SCF法　122
- **6.9** 密度汎関数法　123
- 演習問題　131

第7章　化 学 反 応

7.1　化学反応と反応経路　*134*

7.2　ウォルシュダイアグラム　*136*

7.3　化学反応の推進力　*137*

7.4　軌道相互作用　*138*

7.5　フロンティア軌道理論　*141*

7.6　エネルギー微分法と構造最適化　*147*

演 習 問 題　*149*

第8章　相　対　論

8.1　相　対　論　*151*

8.2　相対論効果　*152*

8.3　分子に対する相対論効果　*156*

8.4　ディラック方程式　*158*

8.5　large 成分と small 成分　*162*

8.6　多電子系の相対論的ハミルトン演算子　*164*

8.7　ディラック–ハートリー–フォック法　*165*

8.8　2成分相対論的分子理論　*168*

演 習 問 題　*171*

第9章　量子化学で必要な数学

9.1　ベクトル　*173*

  9.1.1　ベクトル　*173*

  9.1.2　ベクトルの演算　*174*

  9.1.3　線形結合　*177*

  9.1.4　正規直交　*177*

9.2　行列と行列式　*178*

  9.2.1　行　列　*178*

  9.2.2　行列の演算　*180*

  9.2.3　種々の行列　*181*

  9.2.4　行列式　*182*

9.2.5　行列式の計算　*183*
9.2.6　行列式の性質　*184*
9.2.7　連立 1 次方程式の解き方　*185*
9.3　行列の対角化　*188*
9.3.1　固有値と固有ベクトル　*188*
9.3.2　対 角 化　*188*
9.3.3　2 次形式　*189*
9.3.4　エルミート行列の性質　*190*

さらに勉強したい人たちのために　*191*
演習問題解答　*193*
索　引　*225*

Column

分子の基準振動　*29*
原子のスペクトル項　*43*
原子価結合法　*52*
分子の対称性　*70*
分子軌道法プログラム　*109*
大規模分子計算　*130*
固有反応座標　*149*
相対論的有効内殻ポテンシャル　*170*

第1章　量子の世界

　物質科学の基礎をなしているのは量子論である．量子論が，複雑に思える原子や分子の世界を決めている．したがって，量子論に基づいた量子化学を用いれば，あたかも実際に目にしたかのようにミクロの世界を理解することができる．この章では，量子化学で必要となるトピックスに話をできるだけ限って，量子論を説明していくことにしよう．次の章以降では，シュレーディンガーの波動方程式を原子や分子に関してどうやって解けばいいか説明していく．この章ではそのための準備をいろいろしておこう．

1.1　量子化学と量子論

　化学は，数学や物理学のような他の自然科学と比べて複雑で，体系だっていないように思っている読者が多いかもしれない．確かに，化学で取り扱う物質はおよそ100種類もの元素の組み合わせで構成されているのだから，そのように思うのも無理はない．しかしながら，このような複雑な物質の世界の奥底を流れているものは明快であり，かつ論理的でもある．物質科学の基礎をなしているのは**量子論**（quantum theory）である．量子論が物質世界のドラマの脚本家であるともいえよう．**量子化学**（quantum chemistry）は，この量子論の基本原理に従って，化学で取り扱う物質のさまざまな性質や反応性を理解するための学問であり，研究分野である．量子化学の知識を用いれば，物質の構造・性質・反応のメカニズムを解析し，さらに進んで予測することもできる．量子化学は，分子の実体をとらえるための化学である．

19 世紀の終わり頃から次第に，ミクロの世界においては，ニュートン (Newton) 力学やマクスウェル (Maxwell) の電磁気学のような古典論では説明できない現象があることがわかってきた．例えば，古典的な原子構造のモデルでは，電子が原子核に引き寄せられていって，消滅してしまうことになる．現実にはこんなことは起こらない．ミクロの世界を明らかにするためには，古典論をこえて量子論が必要になる．古典論では，物質の位置 r と運動量 p を同時に決定することができて，運動はこの二つの変数によって決定される．つまり，時間 t に関する微分方程式であるニュートンの運動方程式

$$m\frac{d^2\mathbf{r}}{dt^2} = \mathbf{F} \tag{1.1}$$

を初期の位置ベクトル $\mathbf{r}_0$ と運動量 $\mathbf{p}_0$ を与えて解けば，物質の運動を一義的に決定することができる．式 (1.1) で，m は物質の質量であり，F は物質に働く力のベクトルを表す．量子論では，このような考え方をやめて，位置と運動量との間にある不確定さを許す．量子の世界はニュートンの運動方程式が成り立たない世界である．物質がある与えられた点に存在するという考え方を捨てて，物質がその点に存在する確率を表すような関数を導入する．量子論において重要なのは，すべての物質は粒子性と波動性という二重性をもつという考え方である．量子論は，決してひとりの研究者の力によって築きあげられたものではない．プランク (Planck)，ボーア (Bohr)，ド・ブロイ (de Broglie)，シュレーディンガー (Schrödinger)，ハイゼンベルグ (Heisenberg)，ボルン (Born) といった多くの研究者の地道な研究の成果である．

1.2 古典的な原子モデル

原子に対する古典的なイメージは，中心に正電荷をもった重い原子核があり，その周りを負の電荷をもつ電子が動き回っているといったものである．

1.2 古典的な原子モデル

原子核と電子はクーロン (Coulomb) 引力で結びついている．このクーロン引力と電子の回転運動による遠心力が釣り合うことで，電子は軌道上を加速運動する．この様子を図1.1に示している．20世紀初頭に長岡半太郎やラザフォード (Rutherford) によって考え出されたモデルである．このような原子モデルを使うことによって，それまで説明することのできなかった原子による α 線の散乱現象をうまく説明することができるようになった．しかしながら，加速運動をしている荷電粒子は電磁波を放射しながらエネルギーを失う．電子はらせん状にどんどん原子核に近づいていって，最後には消滅してしまうことになる．実際にはありえない現象である．原子は安定に存在している．この問題を解決したのがボーアである．

高校の化学で習う原子の構造は図1.2のようなイメージであろう．原子核は陽子と中性子から構成されていて，原子核の周りにある同心円の電子殻上を電子が動き回っているというモデルである．電子殻は，原子核に近いほうからK殻, L殻, M殻, N殻,…というふうに名づけられていて，それぞれに2個, 8個, 18個, 32個,…の電子を収納することができる．

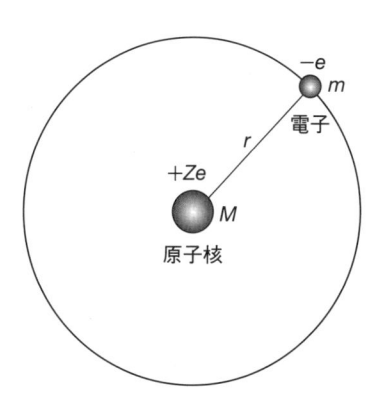

図1.1 古典的な原子のイメージ

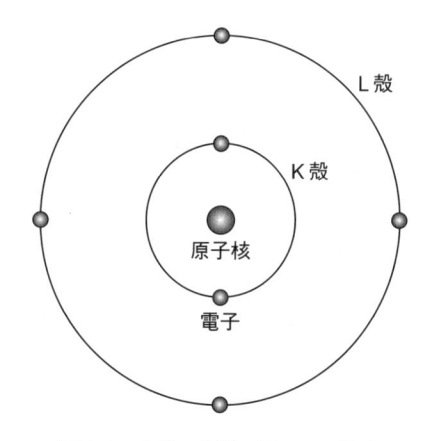

図1.2 高校の化学で習う原子構造 (炭素原子の例)

このモデルは古典的な原子構造を拡張したボーアの原子モデルに基づいたものである．この原子構造を提案するのにあたって，ボーアはラザフォードの古典的な原子モデルの考え方に加えて新たな仮説をつけ加えた．この仮説のことを**ボーアの量子条件**(Bohr's quantum condition) と呼ぶ．図1.1のように，質量 m の電子が運動量 p で水素の原子核（核電荷 $Z=1$）を中心として円運動をしている場合を考える．円の半径を r とすると，原子核と電子の間のクーロン引力と電子の運動による遠心力の釣り合いから，

$$\frac{p^2}{mr} = \frac{e^2}{r^2} \tag{1.2}$$

が成り立つ．ここまではラザフォードの考えた古典的な原子モデルの考え方と同じである．ボーアの量子条件は次式で与えられる．

$$p \cdot 2\pi r = nh, \quad n = 1, 2, 3, \cdots \tag{1.3}$$

電子の運動量 p と電子の動く軌道の長さ $2\pi r$ の積が**プランク定数**(Planck's constant) h の自然数倍と等しくなる状態のみが定常状態として許されるということを意味している．式 (1.2) と式 (1.3) から，ボーアの量子条件を満足する軌道半径 r_n を求めると，

$$r_n = \frac{\hbar^2}{me^2} n^2, \quad n = 1, 2, 3, \cdots \tag{1.4}$$

となる．$\hbar$ はプランク定数 h を 2π で割ったものである．エネルギー E_n は電子の運動エネルギーとポテンシャルエネルギーの和で与えられるから，

$$E_n = \frac{p^2}{2m} - \frac{e^2}{r_n} = -\frac{me^4}{2\hbar^2} \cdot \frac{1}{n^2} \tag{1.5}$$

である．n の値に従って，原子はとびとびの値のエネルギーをもつことになる．$n=1$ のとき，エネルギーが最も安定な状態である．この状態を**基底状態**(ground state) という．$n=2, 3, \cdots$ の状態は**励起状態**(excited state) にあたる．基底状態における軌道半径 a_B は**ボーア半径**(Bohr radius) と呼ばれる．

1.2 古典的な原子モデル

表 1.1 SI 接頭語

d	デシ	10^{-1}	da	デカ	10
c	センチ	10^{-2}	h	ヘクト	10^{2}
m	ミリ	10^{-3}	k	キロ	10^{3}
μ	マイクロ	10^{-6}	M	メガ	10^{6}
n	ナノ	10^{-9}	G	ギガ	10^{9}
p	ピコ	10^{-12}	T	テラ	10^{12}
f	フェムト	10^{-15}	P	ペタ	10^{15}
a	アト	10^{-18}	E	エクサ	10^{18}
z	ゼプト	10^{-21}	Z	ゼタ	10^{21}
y	ヨクト	10^{-24}	Y	ヨタ	10^{24}

$$a_B = r_1 = \frac{\hbar^2}{me^2} = 0.529177249 \times 10^{-10}\,\text{m} \tag{1.6}$$

ボーア半径は水素原子の大きさの目安になる．他の原子や分子の大きさもこの程度の大きさであるから，いつも 10^{-10} m をつけて原子や分子の大きさを表すのも面倒である．**国際単位系** (International System of Units；SI) である n (ナノ) を用いると都合がいい．国際単位系の接頭語をまとめて **表 1.1** に示しておいた．10^{-10} m は国際単位系では 0.1 nm となる．また，Å (オングストローム) という単位も長さを表すのに慣用的に用いられている．10^{-10} m は 1 Å である．これらの単位系を使ってボーア半径を表してみると，

$$a_B = 0.0529177249\,\text{nm} = 0.529177249\,\text{Å} \tag{1.7}$$

となる．また，原子や分子のようなミクロの世界では，しばしば**原子単位** (atomic unit；au) という単位系が使われる．原子単位は，電子の質量 m，電荷 e，プランク定数 h を 2π で割ったもの $\hbar$ を，すべて 1 としたものである．

$$\boxed{m = e = \hbar = 1} \tag{1.8}$$

例えば，式 (1.5) の水素原子のエネルギーを原子単位で表すと，

$$E_n = -\frac{1}{2} \cdot \frac{1}{n^2} \tag{1.9}$$

となる．また，式 (1.6) のボーア半径も，

$$a_B = 1 \tag{1.10}$$

のように簡単に表現することができる．

　ボーアの原子モデルを使うと，水素原子のエネルギーや大きさの他にも，スペクトルなどの物性も正確に説明することができる．しかしながら，水素原子以外の，電子を二つ以上もっているような原子のスペクトルの説明は残念ながらできない．そのためには，さらなるブレークスルーを待つ必要があった．すなわち，量子論の誕生である．

1.3　量子論的な原子モデル

　量子論によれば，すべての物質は**粒子性** (particle nature) と**波動性** (wave nature) という**二重性** (duality) をもつ．ド・ブロイによって提唱された解釈である．粒子性と波動性は，**ド・ブロイの関係式** (de Broglie relation)

$$\lambda = \frac{h}{p} \tag{1.11}$$

によって結びつけられる．波動を表現する波長 λ と粒子の運動を表現する運動量 p が，プランク定数 h を通して一つの式で表現できることをこの関係式は表している．

　電子に着目してみよう．古典論では，電子の運動は太陽の周りを回る惑星の運動になぞらえることができる．電子を粒子としてみなしたことになる．しかしながら，ミクロの世界では，電子の運動には量子論の効果が大きく現れ，波動の性質も同時にもつことになる．電子のド・ブロイ波長を式 (1.11) から見積もってみよう．電子が光速で動いているとして，電子の速度 v を $v = 2.998 \times 10^8 \, \mathrm{m\,s^{-1}}$ としておく．電子の質量 m は静止質量を使って $m = 9.109 \times 10^{-31} \, \mathrm{kg}$ とする．プランク定数 h は $h = 6.626 \times 10^{-34} \, \mathrm{J\,s}$ で

ある．これらの値を使って計算すると，電子のド・ブロイ波長 λ は，

$$\lambda = \frac{6.626 \times 10^{-34}}{(9.109 \times 10^{-31}) \times (2.998 \times 10^8)} \text{ m} = 2.426 \times 10^{-8} \text{ m} = 24.26 \text{ Å}$$

(1.12)

となる．原子の大きさは 1 Å 程度であるから，電子のド・ブロイ波長 λ は原子の大きさと比べて無視できない位の大きさである．原子や分子の世界では電子の波動性を無視することができない．ある瞬間，ある場所に電子がみつかったとしても，次の瞬間には電子は原子・分子の全体に広がっている．量子論では，電子は点ではなく，もやっとした確率の雲として表現される．存在する確率が高いとか低いとかといった表現が使われる．ただ,量子論でも，古典論の電子殻のような軌道という概念がないわけではない．電子の存在する確率が高い場所をつなげてみると，量子論でも軌道のような形になる．このような軌道のことを古典的な軌道 (orbit) に対応させて **orbital** (オービタル) と呼んでいる．

1.4 シュレーディンガーの波動方程式

これまでみてきたように，電子は粒子としての性質だけではなく，波の性質ももっている．そこで，電子の運動に対しても，波の運動を表す式が適用できるのではないかと考えたのがシュレーディンガー (Schrödinger) である．シュレーディンガーの導出した方程式は，**シュレーディンガーの波動方程式** (Schrödinger's wave equation)，あるいは単に**シュレーディンガー方程式**と呼ばれ，量子力学の基礎方程式となっている．シュレーディンガー方程式は系の状態の時間発展を記述する方程式である．この系の状態を表現するのが**波動関数** (wave function) Ψ である．波動関数 Ψ は系を構成するすべての粒子の座標と時間を変数とする関数である．考えている系のすべての情報が波動関数には含まれている．波動関数については 1.7 節で詳しく説明し

よう．シュレーディンガー方程式は，

$$i\hbar \frac{\partial \Psi}{\partial t} = \hat{H}\Psi \tag{1.13}$$

のように書くことができる．$\hat{H}$ は**ハミルトン演算子**(Hamiltonian) と呼ばれる．式 (1.13) のシュレーディンガー方程式は時間 t に関する微分を含んでいるので，**時間依存の** (time-dependent) **シュレーディンガー方程式**である．ある時間での波動関数が決定できれば，任意の時間での波動関数が決定できることになる．波動関数が時間にあらわに依存しない場合も考えられる．この場合を**定常状態** (stationary state) にあるという．定常状態にある場合のシュレーディンガー方程式は，

$$\hat{H}\Psi = E\Psi \tag{1.14}$$

の形で与えられる．E は考えている系の全エネルギーである．このシュレーディンガー方程式の意味していることは，考えている系のハミルトン演算子が決まれば，その系の状態を表す波動関数と系の安定性を示すエネルギーが決定できるということである．

1.5 演算子と固有方程式

シュレーディンガー方程式のハミルトン演算子の具体的な形を示す前に，**演算子** (operator) について説明しておこう．演算子は，ある関数に対してなんらかの操作を施すものである．例えば，d/dx は微分演算子であるし，$\int dx$ は積分演算子である．これらの例からもわかるように，演算子はなにか作用させる関数 (被演算関数) があって初めて意味をもつ．$\hat{x}$ というのも演算子であり，被演算関数に x をかけるという操作を施す演算子である．この例のように，＾(ハット) をつけることで演算子であることをあらわに示

1.5 演算子と固有方程式

す.

具体的に，$\hat{x}$ と d/dx を演算子として被演算関数 x^2 に作用させてみよう．先に d/dx を作用させて，次に $\hat{x}$ を作用させてみると，

$$\hat{x}\frac{d}{dx}(x^2) = \hat{x}(2x) = 2x^2 \tag{1.15}$$

となる．今度は演算子の順番をかえて，$\hat{x}$ を作用させてから d/dx を作用させると，

$$\frac{d}{dx}\hat{x}(x^2) = \frac{d}{dx}(x^3) = 3x^2 \tag{1.16}$$

である．演算子の演算の順序を入れかえると結果が異なる．これは演算子に関して一般にいえることである．このことを演算子が**可換** (commutative) ではないという．二つの演算子 $\hat{A}$ と $\hat{B}$ が可換でないということを式で書くと，

$$[\hat{A}, \hat{B}] = \hat{A}\hat{B} - \hat{B}\hat{A} \neq 0 \tag{1.17}$$

というふうに表される．$[\hat{A}, \hat{B}]$ のことを**交換子** (commutator) とも呼ぶ．古典論では，すべての演算量は可換である．演算子は古典論と量子論の違いを表現することができる．

式 (1.14) のシュレーディンガー方程式は，系のハミルトン演算子が決まればその系の状態を表す波動関数と系の安定性を示すエネルギーが決定される方程式であることを 1.4 節で述べた．このような形の方程式のことを**固有方程式** (characteristic equation) と一般に呼ぶ．

$$\hat{A}\phi = a\phi \tag{1.18}$$

$\hat{A}$ は任意の演算子を表す．a は固有方程式の**固有値** (eigenvalue) で，ϕ は**固有関数** (eigenfunction)，あるいは**固有ベクトル** (eigenvector) と呼ばれる (9.3.1 項参照)．演算子 $\hat{A}$ が与えられれば，固有値 a と固有関数 ϕ が決定できるという方程式である．

固有関数 ϕ は一般に複素数になるから，固有関数 ϕ に対する複素共役 ϕ^*

を考えることができる．固有関数 ϕ とその複素共役 ϕ^* をかけ合わせたものを固有関数の 2 乗 $|\phi|^2$ と定義する．式で書くと，

$$|\phi|^2 = \phi\phi^* = \phi^*\phi \tag{1.19}$$

である．この固有関数の 2 乗 $|\phi|^2$ を全空間で積分したものが 1，つまり，

$$\boxed{\int |\phi|^2 \, d\tau = 1} \tag{1.20}$$

の場合，固有関数 ϕ が**規格化** (normalization) されているという．これ以降，$d\tau$ を一般の体積素片として使おう．用いる座標系は，直交座標でも，極座標でも，何でもかまわない．また，式 (1.20) の条件のことを**規格化条件** (normalization condition) という．式 (1.18) の固有方程式を満たす固有値と固有関数は一般には 1 組だけではない．演算子 $\hat{A}$ が与えられれば，いくつかの固有値とそれに対する固有関数を決定することができる．二つの異なる固有関数 ϕ_i と ϕ_j $(i \neq j)$ に対し，

$$\boxed{\int \phi_i^* \phi_j \, d\tau = 0} \tag{1.21}$$

が成り立つ場合，二つの固有関数 ϕ_i と ϕ_j は互いに**直交** (orthogonal) しているという．式 (1.21) は**直交条件** (orthogonal condition) と呼ばれる．規格化条件と直交条件の両方の条件を満たす固有関数の組のことを**規格直交系** (orthonormal system) という．規格直交系では，式 (1.20) の規格化条件と式 (1.21) の直交条件を，**クロネッカー** (Kronecker) **のデルタ記号** δ_{ij} を使って，まとめて表現することができる．

$$\int \phi_i^* \phi_j \, d\tau = \delta_{ij} \tag{1.22}$$

クロネッカーのデルタ記号 δ_{ij} は，

1.5 演算子と固有方程式

$$\delta_{ij} = \begin{cases} 1 & (i=j) \\ 0 & (i \neq j) \end{cases} \quad (1.23)$$

で定義される.

物理的に意味をもつ**観測量** (observable) を表す演算子は**エルミート** (Hermite) **演算子**である. エルミート演算子は, 適当な二つの関数 ϕ_i と ϕ_j に対して,

$$\boxed{\int \phi_i^* \hat{A} \phi_j \, d\tau = \int (\hat{A}\phi_i)^* \phi_j \, d\tau} \quad (1.24)$$

が成り立つ演算子として定義される. エルミート演算子の固有値は実数である. 証明しておこう. 式 (1.18) の固有方程式において $\hat{A}$ がエルミート演算子であるとする. 式 (1.18) の複素共役をとると,

$$(\hat{A}\phi)^* = a^* \phi^* \quad (1.25)$$

である. 式 (1.18) の両辺に左から ϕ^* をかけて積分すると,

$$\int \phi^* \hat{A} \phi \, d\tau = a \int \phi^* \phi \, d\tau \quad (1.26)$$

となる. 同じように, 式 (1.25) の両辺に右から ϕ をかけて積分すると,

$$\int (\hat{A}\phi)^* \phi \, d\tau = a^* \int \phi^* \phi \, d\tau \quad (1.27)$$

である. 式 (1.26) から式 (1.27) を引くと,

$$\int \phi^* \hat{A} \phi \, d\tau - \int (\hat{A}\phi)^* \phi \, d\tau = (a - a^*) \int \phi^* \phi \, d\tau \quad (1.28)$$

となるが, エルミート演算子の定義である式 (1.24) を使うと,

$$a^* = a \quad (1.29)$$

であることがわかる. この式が成り立つのは固有値 a が実数のときであるので, エルミート演算子の固有値は実数ということになる. また, エルミート演算子の相異なる固有関数は互いに直交する. これも証明しておこう. 二つ

の固有関数 ϕ_i と ϕ_j の異なる固有値をそれぞれ λ_i, λ_j としておく.

$$\hat{A}\phi_i = \lambda_i \phi_i \tag{1.30}$$

$$\hat{A}\phi_j = \lambda_j \phi_j \tag{1.31}$$

ここで, $\hat{A}$ はエルミート演算子である. 式 (1.30) と式 (1.31) に, ϕ_j と ϕ_i の複素共役をそれぞれ左からかけて積分すると,

$$\int \phi_j^* \hat{A}\phi_i \, d\tau = \lambda_i \int \phi_j^* \phi_i \, d\tau \tag{1.32}$$

$$\int \phi_i^* \hat{A}\phi_j \, d\tau = \lambda_j \int \phi_i^* \phi_j \, d\tau \tag{1.33}$$

である. 式 (1.33) の複素共役をとると,

$$\left(\int \phi_i^* \hat{A}\phi_j \, d\tau\right)^* = \lambda_j^* \left(\int \phi_i^* \phi_j \, d\tau\right)^* \tag{1.34}$$

$\hat{A}$ はエルミート演算子で λ_j は実数であるから, 式 (1.34) は,

$$\int \phi_j^* \hat{A}\phi_i \, d\tau = \lambda_j \int \phi_j^* \phi_i \, d\tau \tag{1.35}$$

となる. 式 (1.32) から式 (1.35) を引くと,

$$(\lambda_i - \lambda_j) \int \phi_j^* \phi_i \, d\tau = 0 \tag{1.36}$$

であるが, 異なる固有値 λ_i と λ_j に対し, この式が成り立つためには,

$$\int \phi_j^* \phi_i \, d\tau = 0 \tag{1.37}$$

が必要である. これはエルミート演算子の相異なる固有関数は互いに直交していることを示している.

　二つの演算子が同時に同じ固有関数をもつとき, それらの演算子は可換である. このときの固有関数を**同時固有関数** (simultaneous eigenfunction) といい, その状態のことを**同時固有状態** (simultaneous eigenstate) という. 証明は簡単である. 二つの演算子 $\hat{A}$ と $\hat{B}$ を考えて, その同時固有関数を ϕ

とする．対応する固有値は a と b というふうにしておく．

$$\hat{A}\phi = a\phi \tag{1.38}$$

$$\hat{B}\phi = b\phi \tag{1.39}$$

まず，式 (1.38) の両辺に左から $\hat{B}$ を作用させて，式 (1.39) を使うと，

$$\hat{B}(\hat{A}\phi) = a\hat{B}\phi = ab\phi \tag{1.40}$$

である．次に，式 (1.39) の両辺に左から $\hat{A}$ を作用させて，式 (1.38) を使うと，

$$\hat{A}(\hat{B}\phi) = b\hat{A}\phi = ab\phi \tag{1.41}$$

となる．式 (1.40) と式 (1.41) から，

$$[\hat{A}, \hat{B}] = 0 \tag{1.42}$$

となり，二つの演算子 $\hat{A}$ と $\hat{B}$ は可換であることがわかる．同時固有関数をもつとき，対応する二つの観測量は同時に測定することが可能である．

観測量に関連して，観測量を与える演算子である $\hat{A}$ の**期待値** (expectation value) をここで定義しておこう．演算子 $\hat{A}$ の期待値は $\langle \hat{A} \rangle$ というふうに書いて，

$$\boxed{\langle \hat{A} \rangle = \frac{\int \varphi^* \hat{A} \varphi \, d\tau}{\int \varphi^* \varphi \, d\tau}} \tag{1.43}$$

で定義される．φ は演算子 $\hat{A}$ の固有関数である必要は特にない．演算子 $\hat{A}$ の期待値 $\langle \hat{A} \rangle$ は，演算子 $\hat{A}$ に関する観測量を何度も測定したときの平均値である．

積分を表記する際，積分記号を何度も書くのも面倒である．ディラック (Dirac) によって導入された積分の**ブラケット表現** (bracket expression) を導入しておこう．演算子 $\hat{A}$ を関数 ϕ_i と ϕ_j ではさんで積分したものをブラケット表示すると，

$$\int \phi_i^* \hat{A} \phi_j \, d\tau = \langle \phi_i | \hat{A} | \phi_j \rangle \tag{1.44}$$

となる．$\langle \phi_i |$ と $| \phi_i \rangle$ はそれぞれ**ブラベクトル** (bra vector) と**ケットベクトル** (ket vector) と呼ばれる．演算子が単位演算子であるような場合は，特別に，

$$\int \phi_i^* \phi_j \, d\tau = \langle \phi_i | \phi_j \rangle \tag{1.45}$$

である．例えば，エルミート演算子の定義式 (1.24) をブラケット表現で書くと，

$$\langle \phi_i | \hat{A} | \phi_j \rangle = \langle \hat{A} \phi_i | \phi_j \rangle \tag{1.46}$$

で表される．これ以降，積分範囲が明白な場合や式が煩雑になるような場合，ブラケット表現を積極的に使っていこう．

1.6 原子・分子のシュレーディンガー方程式

分子に対するハミルトン演算子を書き下してみよう．ハミルトン演算子は，古典的なハミルトン関数を作っておいてから，演算子を使って書き直すことで導出できる．エネルギーが保存されるような系に対しては，古典的なハミルトン関数は系のエネルギーと等価である．図 1.3 に示したような N_e 個の電子と N_n 個の原子核からなる分子を考える．電子の質量を m とし，i 番目の電子の位置ベクトルと運動量ベクトルをそれぞれ $\mathbf{r}_i$ と $\mathbf{p}_i$ とする．また，A 番目の原子核の質量，核電荷，位置ベクトル，運動量ベクトルをそれぞれ

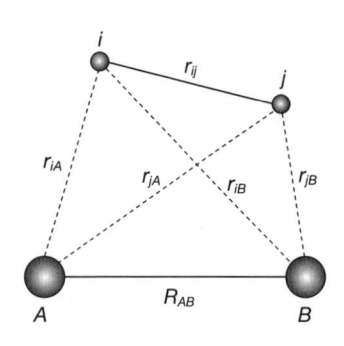

図 1.3 分子中の原子核と電子の位置関係

$M_A, Z_A, \mathbf{R}_A, \mathbf{P}_A$ とする．この系のハミルトン関数 H は，運動エネルギー T とポテンシャルエネルギー V の和で与えられる．

$$H = T + V$$

$$= \sum_{A}^{N_n} \frac{\mathbf{P}_A^2}{2M_A} + \sum_{i}^{N_e} \frac{\mathbf{p}_i^2}{2m} - \sum_{i}^{N_e}\sum_{A}^{N_n} \frac{Z_A e^2}{r_{iA}} + \sum_{i<j}^{N_e} \frac{e^2}{r_{ij}} + \sum_{A<B}^{N_n} \frac{Z_A Z_B e^2}{R_{AB}} \tag{1.47}$$

右辺の第1項と第2項は，それぞれ原子核と電子の運動エネルギーである．第3項，第4項，第5項は，電子-原子核間，電子-電子間，原子核-原子核間のポテンシャルエネルギーをそれぞれ表す．電子-原子核間の相互作用は引力的であるので，符号はマイナスになっている．これに対し，電子-電子間と原子核-原子核間は斥力的で，符号はプラスである．

このハミルトン関数からハミルトン演算子を書き下すためには，**量子化** (quantization) **の手続き**と呼ばれる対応規則を用いる．この手続き自体は非常に簡単で，運動量 p を微分演算子に置きかえればいい．式で書くと，

$$\boxed{p_x \to \frac{\hbar}{i}\frac{\partial}{\partial x}, \quad p_y \to \frac{\hbar}{i}\frac{\partial}{\partial y}, \quad p_z \to \frac{\hbar}{i}\frac{\partial}{\partial z}} \tag{1.48}$$

となる．また，系のエネルギーも時間 t を使って量子化することができて，

$$\boxed{E \to i\hbar \frac{\partial}{\partial t}} \tag{1.49}$$

の関係式で結びつけることができる．式 (1.47) のハミルトン関数に量子化の手続きを施すと結局，分子に対するハミルトン演算子は，

$$\hat{H} = \hat{T} + \hat{V}$$

$$= \sum_{A}^{N_n}\left(-\frac{\hbar^2}{2M_A}\nabla_A^2\right) + \sum_{i}^{N_e}\left(-\frac{\hbar^2}{2m}\nabla_i^2\right) - \sum_{i}^{N_e}\sum_{A}^{N_n}\frac{Z_A e^2}{r_{iA}} + \sum_{i<j}^{N_e}\frac{e^2}{r_{ij}} + \sum_{A<B}^{N_n}\frac{Z_A Z_B e^2}{R_{AB}} \tag{1.50}$$

となる．∇ はベクトル微分演算子で，その 2 乗は，

$$\nabla_i^2 = \frac{\partial^2}{\partial x_i^2} + \frac{\partial^2}{\partial y_i^2} + \frac{\partial^2}{\partial z_i^2} \tag{1.51}$$

で与えられる．∇^2 はラプラス (Laplace) 演算子とも呼ばれ，Δ という記号を使って書かれることもある．ハミルトン演算子は運動エネルギー演算子とポテンシャルエネルギー演算子の和で与えられる．式 (1.47) の古典的なハミルトン関数と比較すると，運動エネルギーの項のみが演算子に置きかわっているようにみえるが，ポテンシャルエネルギーの項も演算子の役割をもっていることには注意しよう．

ハミルトン演算子はエルミート演算子である．確認しておこう．簡単のために 1 電子のハミルトン演算子 $\hat{H} = \hat{T} + \hat{V}$ を考える．原子単位系を使用すると，運動エネルギー演算子は $\hat{T} = -\nabla^2/2$ である．また，ポテンシャル演算子 $\hat{V}$ は一般に $\hat{V}^* = \hat{V}$ を満たす実数の演算子であるとしておこう．エルミート演算子は，適当な二つの関数 f と g に対して，式 (1.24) が成り立つ演算子として定義される．ポテンシャル演算子 $\hat{V}$ がエルミート演算子であることに関しては問題ない．$\hat{V}^* = \hat{V}$ であることと，f と g の順序は入れ替えることができることを使うと，エルミート演算子であることが簡単にわかる．次に，運動エネルギー演算子 $\hat{T}$ がエルミート演算子であることを示そう．このためには，微分演算子 ∇^2 の x 成分 $\partial^2/\partial x^2$，y 成分 $\partial^2/\partial y^2$，z 成分 $\partial^2/\partial z^2$ の各々に対して，

$$\int_{-\infty}^{+\infty} f^* \left(\frac{\partial^2}{\partial x^2} g\right) dx = \int_{-\infty}^{+\infty} g \left(\frac{\partial^2}{\partial x^2}\right)^* f^* \, dx \tag{1.52}$$

$$\int_{-\infty}^{+\infty} f^* \left(\frac{\partial^2}{\partial y^2} g\right) dy = \int_{-\infty}^{+\infty} g \left(\frac{\partial^2}{\partial y^2}\right)^* f^* \, dy \tag{1.53}$$

$$\int_{-\infty}^{+\infty} f^* \left(\frac{\partial^2}{\partial z^2} g\right) dz = \int_{-\infty}^{+\infty} g \left(\frac{\partial^2}{\partial z^2}\right)^* f^* \, dz \tag{1.54}$$

が成り立つことを示せばいい．部分積分を使うと，式 (1.52) の左辺と右辺

はそれぞれ,

$$\int_{-\infty}^{+\infty} f^* \left(\frac{\partial^2}{\partial x^2} g \right) dx = \left[f^* \frac{\partial g}{\partial x} \right]_{-\infty}^{+\infty} - \int_{-\infty}^{+\infty} \frac{\partial f^*}{\partial x} \frac{\partial g}{\partial x} dx \quad (1.55)$$

$$\int_{-\infty}^{+\infty} g \left(\frac{\partial^2}{\partial x^2} \right)^* f^* dx = \int_{-\infty}^{+\infty} g \frac{\partial^2}{\partial x^2} f^* dx = \left[g \frac{\partial f^*}{\partial x} \right]_{-\infty}^{+\infty} - \int_{-\infty}^{+\infty} \frac{\partial g}{\partial x} \frac{\partial f^*}{\partial x} dx \quad (1.56)$$

となる.fとgは規格化可能な関数としたから,積分区間の両端でそれぞれ0であり,式 (1.55) と式 (1.56) の右辺の第1項は0となる.つまり,式 (1.52) が成り立ち,$\partial^2/\partial x^2$ はエルミート演算子であることがわかる.同様にして,∇^2 の y 成分 $\partial^2/\partial y^2$ と z 成分 $\partial^2/\partial z^2$ に関してもエルミート演算子であるから,運動エネルギー演算子 $\hat{T}$ はエルミート演算子となる.結局,運動エネルギー演算子 $\hat{T}$ とポテンシャル演算子 $\hat{V}$ の和であるハミルトン演算子 $\hat{H}$ もエルミート演算子であることがわかる.

1.7 波動関数

シュレーディンガー方程式の解である波動関数についてみていこう.波動関数そのものを実験から求めることはできない.しかしながら,波動関数を2乗したものは,粒子の存在確率として実験でも確認することができる.波動関数は一般に複素数であるが,その2乗は,固有関数の2乗の定義である式 (1.19) から実数となることがわかるだろう.波動関数の2乗は観測量である.波動関数の2乗が粒子の存在確率に比例すると考えたのがボルン (Born) である.波動関数の中には,その系に関するすべての情報が含まれている.なんらかの方法で波動関数から情報を引き出すことができれば,その系を理論的に解釈することができるし,新たな現象を理論から予測することもできる.

波動関数として意味をもつ関数は,**1価性** (single-valued property),**連続**

性 (continuity)，**有限性** (finite property) の三つの条件を満たさなければならない．つまり，粒子の座標と時間が与えられれば，波動関数は一義的に決定できなければならない．波動関数そのものだけではなく，微分したものも連続でなければいけない．波動関数はどの領域においても有限の値をとり，±∞においては0にならなければならない．量子論により波動関数に課せられた性質である．波動関数の2乗を全空間に関して積分したものは1となる．つまり，波動関数は規格化されている．式で書くと，

$$\int_{-\infty}^{+\infty} |\Psi|^2 \, d\tau = 1 \tag{1.57}$$

となる．粒子は空間内のどこかに必ず存在するから，確率を足し合わせたものは1にならなければいけないということである．また，異なる状態にある二つの波動関数は直交する．これも式で書いておくと，

$$\int_{-\infty}^{+\infty} \Psi_n^* \Psi_m \, d\tau = 0, \ n \neq m \tag{1.58}$$

である．1.5節でみたように，ハミルトン演算子が観測量を表すエルミート演算子であることに由来する．

1.8 1次元の箱の中の粒子に対するシュレーディンガー方程式

原子や分子に対してシュレーディンガー方程式をどのように解くかみていく前に，厳密にシュレーディンガー方程式が解ける二つの場合を扱ってみよう．一つは1次元の箱の中の粒子に対する問題で，もう一つは調和振動子に対する問題である．

まず，1次元の箱型ポテンシャルの中を動く一つの粒子に対するシュレーディンガー方程式を解いてみよう．このモデルは，あとでみるように鎖状ポ

1.8 1次元の箱の中の粒子に対するシュレーディンガー方程式

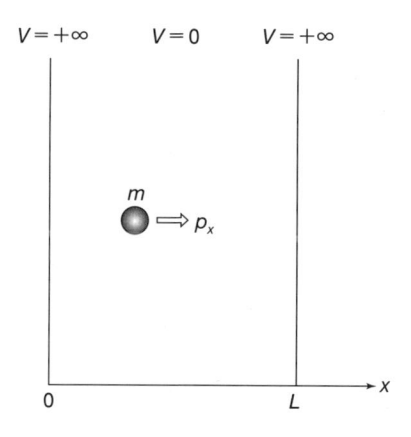

図 1.4 1次元の箱型ポテンシャルの中を運動する粒子

リエンに対する定性的なモデルとして用いることができる．

図 1.4 のように，質量 m の粒子が箱型をしたポテンシャルの中を運動量 p_x で運動する場合を考える．ポテンシャル $V(x)$ は $x \leq 0$ および $x \geq L$ で無限大になり，$0 < x < L$ で 0 になるようなものである．このようなポテンシャルのことをその形から，**箱型ポテンシャル** (box-type potential)，あるいは**井戸型ポテンシャル** (square well potential) と呼ぶ．式で書くと，

$$V(x) = \begin{cases} +\infty & (x \leq 0) \\ 0 & (0 < x < L) \\ +\infty & (x \geq L) \end{cases} \tag{1.59}$$

となる．このときの粒子の運動エネルギー T は，

$$T = \frac{p_x^2}{2m} \tag{1.60}$$

である．この系の全エネルギー E は，運動エネルギー T とポテンシャルエネルギー $V(x)$ の和

$$E = \frac{p_x^{\,2}}{2m} + V(x) \tag{1.61}$$

で与えられる．これが1次元の箱の中を動く粒子の古典的なハミルトン関数になる．量子化の手続き

$$p_x \to \frac{\hbar}{i}\frac{d}{dx} \tag{1.62}$$

を施せば，シュレーディンガー方程式が得られる．

$$\hat{H}_x \Psi(x) = E\Psi(x) \tag{1.63}$$

$$\hat{H}_x = -\frac{\hbar^2}{2m}\frac{d^2}{dx^2} + \hat{V}(x) \tag{1.64}$$

式 (1.63) は，

$$\frac{d^2}{dx^2}\Psi(x) = -k^2\Psi(x) \tag{1.65}$$

の形に書くことができる．ここで，

$$k = \sqrt{\frac{2m[\,E - V(x)\,]}{\hbar^2}} \tag{1.66}$$

である．式 (1.65) は2階の微分方程式である．この形の微分方程式の解はよく知られていて，

$$\Psi(x) = A\exp(ikx) + B\exp(-ikx) \tag{1.67}$$

の形で与えられる．A と B は定数で，一般に複素数である．A と B は次の境界条件を課すことで決定できる．

$$\Psi(0) = 0 \tag{1.68}$$

$$\Psi(L) = 0 \tag{1.69}$$

つまり，箱の壁 $x = 0$ および $x = L$ の位置に粒子を見出す確率密度は0になっていなければならない．これら二つの条件から，A と B の満たすべき条件は，

$$A + B = 0 \tag{1.70}$$

1.8　1次元の箱の中の粒子に対するシュレーディンガー方程式

$$A \exp(ikL) + B \exp(-ikL) = 0 \tag{1.71}$$

となる．オイラー (Euler) の公式

$$\exp(i\theta) = \cos\theta + i\sin\theta \tag{1.72}$$

から得られる関係式

$$\sin\theta = \frac{\exp(i\theta) - \exp(-i\theta)}{2i} \tag{1.73}$$

を使うと，

$$\sin(kL) = 0 \tag{1.74}$$

という条件式が得られる．この条件式から，k は，

$$k_n = \frac{\pi}{L}n, \quad n = 1, 2, 3, \cdots \tag{1.75}$$

を満たさなければならないことがわかる．

波動関数の形を求めてみよう．境界条件の一つ目の条件である式 (1.70) を式 (1.67) に代入して，式 (1.72) の関係式を使うと，波動関数は，

$$\Psi_n(x) = 2iA\sin(k_n x), \quad n = 1, 2, 3, \cdots \tag{1.76}$$

の形をしていることがわかる．あとは定数 A を決めればいい．このためには波動関数の規格化条件を使う．

$$\int_0^L \Psi_n^*(x)\, \Psi_n(x)\, dx = 1 \tag{1.77}$$

積分の範囲は箱の大きさに対応して 0 から L である．結局，1次元の箱の中における粒子の固有関数は，

$$\Psi_n(x) = \sqrt{\frac{2}{L}} \sin\left(n\frac{\pi}{L}x\right), \quad n = 1, 2, 3, \cdots \tag{1.78}$$

となる．また，箱の中でポテンシャルは $V(x) = 0$ であるから，式 (1.66) より箱の中の粒子のエネルギーは，

$$E_n = \frac{\hbar^2 k_n^2}{2m} \tag{1.79}$$

のように表すことができる. k_n に対する条件式である式 (1.75) を代入すると, 1次元の箱の中における粒子のエネルギーは,

$$E_n = \frac{\hbar^2 \pi^2}{2mL^2} n^2, \quad n = 1, 2, 3, \cdots \tag{1.80}$$

となる. $n=1$ のときが粒子の基底状態にあたる. 基底状態でもエネルギーは0にはならない. **零点エネルギー** (zero-point energy) をもつ. 式 (1.80) からわかるように, 箱の中の粒子のエネルギーは n の値によって離散的な値をとる. ボーアの原子モデルにおいて, 水素原子のエネルギーが離散的な値をとったのと同じである. これは量子論に特有な性質である. エネルギーが離散的な値をとることをエネルギーが**量子化**されているという.

エネルギーとそれに対応する波動関数の形を**図1.5**に示す. エネルギーは n^2 に比例するので, エネルギー値の間隔は n が大きくなるのに従って拡

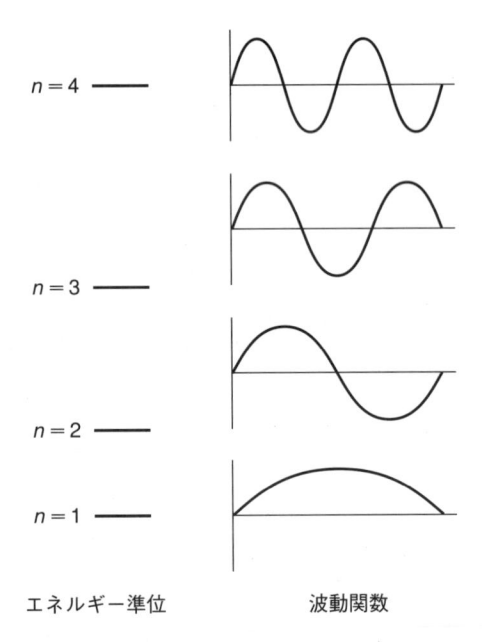

図1.5 1次元の箱の中の粒子のエネルギーと波動関数

がっている．また，n が大きくなるのにつれて，波動関数の節の数が一つずつ増えていっていることにも着目しておこう．

1次元の箱のモデルを使って，鎖状ポリエン $C_{2N}H_{2N+2}$ を扱ってみよう．鎖状ポリエン中を π 電子が運動している場合を考える．鎖状ポリエン $C_{2N}H_{2N+2}$ は $2N$ 個の π 電子をもつ．箱の大きさ L に対応するのは，二つの端の炭素原子間距離である．炭素原子が一つ増えるのに従って，a だけ箱が大きくなるとしておこう．また，電子の広がりを考慮するため，両端で各々 $a/2$ だけ箱の大きさが大きくなると仮定しておこう．すると，鎖状ポリエン $C_{2N}H_{2N+2}$ に対応する箱の大きさは $L = a(2N+1)$ となる．このとき，鎖状ポリエン $C_{2N}H_{2N+2}$ 中を運動する一つの π 電子のエネルギーは，式 (1.80) から，

$$E_n = \frac{\hbar^2 \pi^2}{2m[a(2N+1)]^2} n^2, \quad n = 1, 2, 3, \cdots \quad (1.81)$$

である．このエネルギーを使って，鎖状ポリエン $C_{2N}H_{2N+2}$ の最長波長遷移の波長 $\lambda_N^{\max}$ を求めてみよう．鎖状ポリエン $C_{2N}H_{2N+2}$ は $2N$ 個の π 電子をもち，一つのエネルギー準位に二つの電子が入るので，最長波長遷移は $n = N$ の準位から $n = N+1$ の準位への遷移に対応する．波長 λ とエネルギー E の間には，

$$\boxed{\lambda = \frac{hc}{E}} \quad (1.82)$$

の関係がある．c は光速である．この関係を使うと，

$$\lambda_N^{\max} = \frac{hc}{E_{N+1} - E_N} \quad (1.83)$$

となる．式 (1.81) を代入すると，

$$\lambda_N^{\max} = \frac{8mca^2}{h}(2N+1) \quad (1.84)$$

である．具体的にエチレン ($N=1$)，ブタジエン ($N=2$)，ヘキサトリエン

表1.2 1次元の箱モデルによる最長波長遷移の波長

ポリエン	計算値 (nm)	実測値 (nm)
エチレン	143	162
1,3-ブタジエン	238	216.5
1,3,5-ヘキサトリエン	334	266
1,3,5,7-オクタテトラエン	429	304

($N=3$), オクタテトラエン ($N=4$) について最長波長遷移の波長 $\lambda_N^{\max}$ を求めてみよう．今, $a=0.12$ nm としておく．式 (1.84) に $m=9.1\times10^{-31}$ kg, $h=6.6\times10^{-34}$ J s, $c=3.0\times10^{8}$ m s^{-1} を使って $\lambda_N^{\max}$ を求めると, **表1.2**に与えたようになる．表1.2には実測値も示してある．もちろん1次元の箱のモデルは粗い近似なので，計算した結果と実測値の一致はそれほどよくない．しかしながら，π電子共役系が長くなるほど最長波長遷移が長波長側にずれる実験値の傾向を，1次元の箱のモデルでも表現できていることがわかるであろう．

1.9 調和振動子に対するシュレーディンガー方程式

次に，**調和振動子** (harmonic oscillator) に対するシュレーディンガー方程式を解いてみよう．分子と対応づければ，2原子分子の振動に対する第一近似を与える．分子の振動運動の調和振動子近似にあたる．

1次元の調和振動子から始めよう．**図1.6**に示したように，ばねの定数 k のばねにつながれた質量 m の質点が座標 x (平衡点を 0 にとる) にあって x 軸上を運動する場合を考える．このとき，**固有振動数** (proper frequency) は，

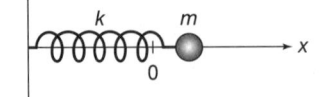

図1.6 1次元の調和振動子

1.9 調和振動子に対するシュレーディンガー方程式

$$\nu = \frac{1}{2\pi}\sqrt{\frac{k}{m}} \tag{1.85}$$

で与えられる．質点は力 $-kx$ を受けて運動する．このときのポテンシャルエネルギーは $kx^2/2$ である．系の全エネルギー E は，運動量 p_x と位置座標 x を用いて，

$$E = \frac{p_x^2}{2m} + \frac{k}{2}x^2 \tag{1.86}$$

である．これが1次元の調和振動子の古典的なハミルトン関数になる．このハミルトン関数に，量子化の手続き

$$p_x \to \frac{\hbar}{i}\frac{d}{dx} \tag{1.87}$$

を施すと，1次元の調和振動子に対するシュレーディンガー方程式が得られる．

$$\hat{H}_x \Psi(x) = E\Psi(x) \tag{1.88}$$

$$\hat{H}_x = -\frac{\hbar^2}{2m}\frac{d^2}{dx^2} + \frac{k}{2}x^2 \tag{1.89}$$

この方程式は2階の微分方程式であり，微分方程式を解いて得られる結果は，

$$E_n = \left(n + \frac{1}{2}\right)\hbar\omega, \quad \omega = \sqrt{\frac{k}{m}}, \quad n = 0, 1, 2, \cdots \tag{1.90}$$

の形となることが知られている．波動関数は，

$$\Psi_n(x) = N_n H_n(\alpha^{1/2}) e^{-\alpha x^2/2}, \quad \alpha = \frac{\omega}{\hbar}, \quad N_n = (2^n n!)^{-1/2}\left(\frac{\alpha}{\pi}\right)^{1/4} \tag{1.91}$$

で与えられる．N_n は規格化定数である．$H_n(z)$ はエルミート多項式であり，

$$H_n(z) = (-1)^n e^{z^2}\frac{d^n e^{-z^2}}{dz^n} \tag{1.92}$$

で定義される．式 (1.90) からわかるように，1次元の調和振動子のエネル

ギーも箱の中の粒子のエネルギーと同じように n の値によってとびとびの値をとる.また,基底状態である $n=0$ のときでもエネルギーは 0 ではなく,

$$E_0 = \frac{\hbar}{2}\sqrt{\frac{k}{m}} \tag{1.93}$$

のエネルギーをもつ.**零点振動**（zero-point motion）のエネルギーにあたる.

本書では規格化定数 N_n を天下りに与えた.得られた波動関数がきちんと規格化されていることを確かめておこう.具体的に, $\Psi_3(x)$ が規格化されていることをここでは調べよう.

$$\Psi_3(x) = \left(\frac{1}{3}\right)^{1/2}\left(\frac{a}{\pi}\right)^{1/4}(2a^{3/2}x^3 - 3a^{1/2}x)e^{-ax^2/2} \tag{1.94}$$

$\int_{-\infty}^{\infty} \Psi_3(x)^* \Psi_3(x)\, dx$ が 1 になることを示せばいい.

$$\begin{aligned}
\int_{-\infty}^{\infty} \Psi_3(x)^* \Psi_3(x)\, dx &= \int_{-\infty}^{\infty} \left[\left(\frac{1}{3}\right)^{1/2}\left(\frac{a}{\pi}\right)^{1/4}(2a^{3/2}x^3 - 3a^{1/2}x)e^{-ax^2/2}\right]^2 dx \\
&= \left(\frac{1}{3}\right)\left(\frac{a}{\pi}\right)^{1/2}\int_{-\infty}^{\infty}\left[(2a^{3/2}x^3 - 3a^{1/2}x)^2 e^{-ax^2}\right]dx \\
&= \left(\frac{1}{3}\right)\left(\frac{a}{\pi}\right)^{1/2}\left[4a^3\int_{-\infty}^{\infty}x^6 e^{-ax^2}dx - 12a^2\int_{-\infty}^{\infty}x^4 e^{-ax^2}dx + 9a\int_{-\infty}^{\infty}x^2 e^{-ax^2}dx\right]
\end{aligned} \tag{1.95}$$

[ ]内の三つの積分は,積分公式

$$\int_0^{\infty} x^{2n} e^{-ax^2}\, dx = \frac{1\cdot 3\cdot 5\cdots(2n-1)}{2^{n+1}a^n}\sqrt{\frac{\pi}{a}} \tag{1.96}$$

と,被積分関数が偶関数であることを用いると,

1.9 調和振動子に対するシュレーディンガー方程式

$$\int_{-\infty}^{\infty} \Psi_3(x)^* \Psi_3(x)\,dx$$

$$= 2\left(\frac{1}{3}\right)\left(\frac{a}{\pi}\right)^{1/2}\left[4a^3\frac{1\cdot 3\cdot 5(\pi/a)^{1/2}}{2^4 a^3} - 12a^2\frac{1\cdot 3(\pi/a)^{1/2}}{2^3 a^2} + 9a\frac{1(\pi/a)^{1/2}}{2^2 a}\right]$$

$$= 2\left(\frac{1}{3}\right)\left(\frac{a}{\pi}\right)^{1/2}\left[\left(\frac{3}{2}\right)\left(\frac{\pi}{a}\right)^{1/2}\right] = 1 \tag{1.97}$$

となる．これで $\Psi_3(x)$ は規格化されていることがわかった．他の n の場合も同じように計算すれば，規格化されていることがわかる．

また，異なる n の波動関数どうしは直交している．これも調べておこう．具体的に，$\Psi_0(x)$ と $\Psi_1(x)$ が直交していることを示そう．

$$\Psi_0(x) = \left(\frac{a}{\pi}\right)^{1/4} e^{-ax^2/2} \tag{1.98}$$

$$\Psi_1(x) = (2a)^{1/2}\left(\frac{a}{\pi}\right)^{1/4} x\, e^{-ax^2/2} \tag{1.99}$$

$\int_{-\infty}^{\infty} \Psi_0(x)^* \Psi_1(x)\,dx$ を計算する．

$$\int_{-\infty}^{\infty} \Psi_0(x)^* \Psi_1(x)\,dx = \int_{-\infty}^{\infty}\left[\left(\frac{a}{\pi}\right)^{1/4} e^{-ax^2/2}\right]\left[(2a)^{1/2}\left(\frac{a}{\pi}\right)^{1/4} x\, e^{-ax^2/2}\right]dx$$

$$= a\left(\frac{2}{\pi}\right)^{1/2}\int_{-\infty}^{\infty} x\, e^{-ax^2}\,dx \tag{1.100}$$

被積分関数は奇関数であるから，積分は 0 になる．

次に，1次元の調和振動子の問題を拡張して3次元の場合を扱おう．この場合のハミルトン関数は，

$$H = \frac{1}{2m}(p_x^2 + p_y^2 + p_z^2) + \frac{k}{2}(x^2 + y^2 + z^2) \tag{1.101}$$

である．1次元の場合と同様に，量子化の手続き

$$p_x \to \frac{\hbar}{i}\frac{\partial}{\partial x},\quad p_y \to \frac{\hbar}{i}\frac{\partial}{\partial y},\quad p_z \to \frac{\hbar}{i}\frac{\partial}{\partial z} \tag{1.102}$$

を施すと3次元の調和振動子に対するシュレーディンガー方程式が得られる．

$$\hat{H}\Psi(x,y,z) = E\Psi(x,y,z) \qquad (1.103)$$

$$\hat{H} = -\frac{\hbar^2}{2m}\left(\frac{\partial^2}{\partial x^2}+\frac{\partial^2}{\partial y^2}+\frac{\partial^2}{\partial z^2}\right)+\frac{k}{2}(x^2+y^2+z^2) \qquad (1.104)$$

この方程式の解を求めるために，x,y,z の三つの変数に関してシュレーディンガー方程式を分離しよう．

$$\hat{H} = \hat{H}_x + \hat{H}_y + \hat{H}_z \qquad (1.105)$$

$$\Psi(x,y,z) = \Psi(x)\,\Psi(y)\,\Psi(z) \qquad (1.106)$$

$$E = E_x + E_y + E_z \qquad (1.107)$$

ここで，

$$\hat{H}_x = -\frac{\hbar^2}{2m}\frac{\partial^2}{\partial x^2}+\frac{k}{2}x^2 \qquad (1.108)$$

$$\hat{H}_y = -\frac{\hbar^2}{2m}\frac{\partial^2}{\partial y^2}+\frac{k}{2}y^2 \qquad (1.109)$$

$$\hat{H}_z = -\frac{\hbar^2}{2m}\frac{\partial^2}{\partial z^2}+\frac{k}{2}z^2 \qquad (1.110)$$

である．こうすることで，三つの1次元の調和振動子のシュレーディンガー方程式に書き下すことができる．

$$\hat{H}_x\Psi(x) = E_x\Psi(x) \qquad (1.111)$$

$$\hat{H}_y\Psi(y) = E_y\Psi(y) \qquad (1.112)$$

$$\hat{H}_z\Psi(z) = E_z\Psi(z) \qquad (1.113)$$

これらのシュレーディンガー方程式を解いて得られるエネルギーと波動関数は，式 (1.90) と式 (1.91) の形で与えられる．結局，3次元調和振動子のシュレーディンガー方程式から得られるエネルギーは，

$$E_n = E_{n_x} + E_{n_y} + E_{n_z} = \left(n+\frac{3}{2}\right)\hbar\omega, \quad n = n_x+n_y+n_z = 0,1,2,\cdots \qquad (1.114)$$

となる．

分子の基準振動

調和振動子に対するシュレーディンガー方程式の解は 2 原子分子に対する振動の近似となっていることを述べた.実際には,分子は調和振動子近似から外れて,非調和性をもって振動している. N 個の原子からなる分子の振動運動の数は $3N-6$ 個ある.直線分子の場合は $3N-5$ 個となる.全部で $3N$ 個ある原子核運動の自由度から,並進運動の自由度三つと回転運動の自由度三つ(直線分子の場合は二つ)を除いた数である.分子は基準座標に沿って分子ごとに特有の基準振動をしている.基準座標とは,分子の振動数を与える振動ベクトルを表す座標である.例えば,3 原子分子の水の場合,OH 対称伸縮振動,OH 逆対称伸縮振動,変角振動の三つの振動数に対応する基準振動が存在する.分子の振動数は赤外分光やラマン分光のような実験において測定されるが,理論計算からも求めることができて,核座標に関するエネルギーの 2 階微分に関連付けられる.多原子分子に対して基準振動を求めるためには,2 次形式の標準化(9.3.3 項を参照)を利用した GF 行列法がよく用いられている.第 6 章の表 6.1 (p.113) や表 6.2 (p.114) に与えた調和振動数は,GF 行列法を使って計算した結果である.GF 行列法に関しては,参考文献[1]に詳しい計算の仕方が載っているので参考にされたい.

演習問題

[1] 核電荷 Z をもつ 1 電子系の原子のことを**水素様原子**(hydrogen-like atom)という.ボーアの原子モデルを使って,水素様原子のエネルギー E_n とボーア半径 a_B を求めよ.

[2] われわれが実際に目にしている物体のド・ブロイ波長を求めてみよう.時速 $100\,\mathrm{km\,h^{-1}}$ で走っている $1000\,\mathrm{kg}$ のトラックのド・ブロイ波長を求めよ.

[3] 運動量演算子の x 成分 $\hat{p}_x = \dfrac{\hbar}{i}\dfrac{\partial}{\partial x}$ がエルミート演算子であることを示せ.

[4] 1 次元の箱の中の粒子のシュレーディンガー方程式の解である基底状態の波動関数を使って,運動量演算子の x 成分 $\hat{p}_x = \dfrac{\hbar}{i}\dfrac{\partial}{\partial x}$ の期待値を計算せよ.

同じく，$\hat{p}_x{}^2$ の期待値を計算せよ．

[5] 図のように，半径 r の円周上を質量 m の粒子が運動する場合を考える．ポテンシャル V は円上で 0 であり，それ以外では無限大になるとする．このときのハミルトン演算子は，

$$\hat{H} = -\frac{\hbar^2}{2mr^2}\frac{d^2}{d\theta^2}$$

で与えられる．また，波動関数は，

$$\Psi_n = A\exp(in\theta), \quad n = 0, \pm1, \pm2, \cdots$$

の形になる．A は規格化定数である．

(1) 規格化定数 A を決定せよ．
(2) 系のエネルギー E_n を求めよ．

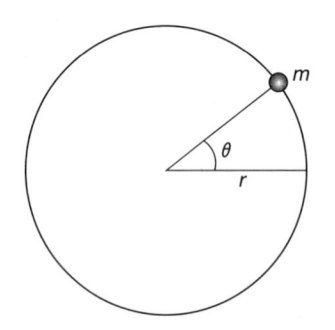

図 円周上を運動する粒子

[6] 1 次元の箱の中の粒子のモデルを 3 次元に拡張しよう．1 辺の長さが $x = L$, $y = M$, $z = N$ の 3 次元の箱型ポテンシャルの中を質量 m の粒子が運動する場合を考える．このときの波動関数とエネルギーを求めよ．

[7] 1 次元の調和振動子に対するシュレーディンガー方程式の解の結果を 2 原子分子の振動に適用してみよう．^{1}H^{127}I 分子の振動数は 2310 cm^{-1} である．^{1}H^{127}I 分子の ^{1}H を重水素 ^{2}H (D) で置換したときの振動数を推測せよ．D の質量は ^{1}H の 2 倍であるとし，また，力の定数は置換によって変化しないとする．

第2章 水素原子

　この章から，原子や分子に対してシュレーディンガー方程式をどうやって解けばいいかみていこう．この章では，最も単純な原子である水素原子のシュレーディンガー方程式を解いてみる．このシュレーディンガー方程式は厳密に解くことができる．得られる波動関数は，動径方向と角度方向の固有関数の積で与えられ，スレーター型関数の形になる．また，水素原子のシュレーディンガー方程式を解いて得られるエネルギーはボーアの原子モデルから得られた結果と同じになる．

2.1 水素原子のシュレーディンガー方程式

　水素原子は，一つの原子核と一つの電子をもつ原子である．今，原子核の質量を M，電子の質量を m とする．水素原子の方程式を解くためには，原子核の位置に対して電子の位置を相対座標で表現しておくと便利である．原子核と電子の相対距離を r とする．原子核と電子の間にはクーロン引力が働いていて，そのエネルギー V は，

$$V = -\frac{e^2}{r} \tag{2.1}$$

である．これが水素原子のポテンシャルエネルギーになる．相対座標を使うと，系の運動エネルギー T は，原子核と電子の**換算質量** (reduced mass)

$$\mu = \frac{Mm}{M+m} \tag{2.2}$$

を使って，

$$T = \frac{1}{2\mu}(p_x{}^2 + p_y{}^2 + p_z{}^2) \tag{2.3}$$

となる．p_x, p_y, p_z は電子の運動量である．古典的なハミルトン関数は運動エネルギーとポテンシャルエネルギーの和である．このハミルトン関数を量子化すれば，水素原子に対するハミルトン演算子が得られる．水素原子に対するシュレーディンガー方程式は，

$$\left(-\frac{\hbar^2}{2\mu}\nabla^2 - \frac{e^2}{r}\right)\Psi(x, y, z) = E\Psi(x, y, z) \tag{2.4}$$

となる．

この方程式は球対称の形をしているので，**極座標** (polar coordinate) を使って解くのが便利である．**図 2.1** のように極座標 (r, θ, φ) を定義すると，極座標と直交座標 (xyz 座標) との関係は次式で与えられる．

$$\boxed{\begin{aligned} x &= r\sin\theta\cos\varphi \\ y &= r\sin\theta\sin\varphi \\ z &= r\cos\theta \end{aligned}} \tag{2.5}$$

運動エネルギー項に含まれるラプラス演算子 ∇^2 を極座標を使って表すと，

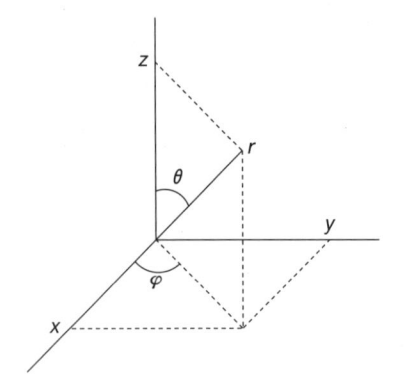

図 2.1 極座標と直交座標との関係

2.1 水素原子のシュレーディンガー方程式

$$\nabla^2 = \frac{\partial^2}{\partial x^2} + \frac{\partial^2}{\partial y^2} + \frac{\partial^2}{\partial z^2}$$

$$= \frac{1}{r^2}\frac{\partial}{\partial r}\left(r^2\frac{\partial}{\partial r}\right) + \frac{1}{r^2\sin\theta}\frac{\partial}{\partial\theta}\left(\sin\theta\frac{\partial}{\partial\theta}\right) + \frac{1}{r^2\sin^2\theta}\frac{\partial^2}{\partial\varphi^2} \quad (2.6)$$

となる.結局,極座標表現でのシュレーディンガー方程式は,

$$\left[-\frac{\hbar^2}{2\mu r^2}(\hat{A}+\hat{B}) - \frac{e^2}{r}\right]\Psi(r,\theta,\varphi) = E\Psi(r,\theta,\varphi) \quad (2.7)$$

の形で与えられる.ここで,

$$\hat{A} = \frac{\partial}{\partial r}\left(r^2\frac{\partial}{\partial r}\right) \quad (2.8)$$

$$\hat{B} = \frac{1}{\sin\theta}\frac{\partial}{\partial\theta}\left(\sin\theta\frac{\partial}{\partial\theta}\right) + \frac{1}{\sin^2\theta}\frac{\partial^2}{\partial\varphi^2} \quad (2.9)$$

と置いている.$\hat{A}$ は動径方向のみに依存している演算子で,$\hat{B}$ は角度方向のみに依存する演算子である.

極座標表現を使うと,変数を分離することでシュレーディンガー方程式を解くことができる.波動関数 $\Psi(r,\theta,\varphi)$ は,

$$\Psi(r,\theta,\varphi) = R_{n,l}(r)\,Y_{l,m}(\theta,\varphi) \quad (2.10)$$

のように,動径部分の固有関数 $R_{n,l}(r)$ と,角度部分の固有関数である $Y_{l,m}(\theta,\varphi)$ との積で与えられる.n は**主量子数** (principal quantum number),l は**方位量子数** (azimuthal quantum number),m は**磁気量子数** (magnetic quantum number) と呼ばれる.この3種類の量子数により,水素原子の電子状態が区別されることになる.動径部分 $R_{n,l}(r)$ は主量子数 n と方位量子数 l の二つの変数で表されるのに対し,角度部分 $Y_{l,m}(\theta,\varphi)$ は方位量子数 l と磁気量子数 m で表される.

まず,角度方向の固有関数 $Y_{l,m}(\theta,\varphi)$ がどういう形をしているかみてみよう.角度方向に関する演算子 $\hat{B}$ に対する固有値問題の解はよく知られている.ここでは結果だけを示すが,ルジャンドル (Legendre) 演算子 $\hat{B}$ に対す

る固有値問題の解である.

$$\hat{B} Y_{l,m}(\theta, \varphi) = -l(l+1) Y_{l,m}(\theta, \varphi) \tag{2.11}$$

$Y_{l,m}(\theta, \varphi)$ は**球面調和関数** (spherical harmonics) である．方位量子数 l と磁気量子数 m の値のとる範囲は，

$$l = 0, 1, 2, \cdots \tag{2.12}$$

$$m = 0, \pm 1, \pm 2, \cdots, \pm l \tag{2.13}$$

でそれぞれ与えられる．球面調和関数 $Y_{l,m}(\theta, \varphi)$ は,

$$Y_{l,m}(\theta, \varphi) = (-1)^{(m+|m|)/2} i^l \sqrt{\frac{2l+1}{4\pi} \frac{(l-|m|)!}{(l+|m|)!}} P_l^{|m|}(\cos\theta) \exp(im\varphi) \tag{2.14}$$

で定義される．$P_l^{|m|}(x)$ はルジャンドル陪関数と呼ばれる関数である．球面調和関数 $Y_{l,m}(\theta, \varphi)$ を具体的にいくつか示しておこう．

$$Y_{0,0} = \frac{1}{2} \frac{1}{\sqrt{\pi}} \tag{2.15}$$

$$Y_{1,0} = \frac{1}{2} \sqrt{\frac{3}{\pi}} \cos\theta \tag{2.16}$$

$$= \frac{1}{2} \sqrt{\frac{3}{\pi}} \frac{z}{r} \tag{2.17}$$

$$Y_{1,\pm 1} = \mp \frac{1}{2} \sqrt{\frac{3}{2\pi}} \sin\theta \exp(\pm i\varphi) \tag{2.18}$$

$$= \mp \frac{1}{2} \sqrt{\frac{3}{2\pi}} \frac{x \pm iy}{r} \tag{2.19}$$

$$Y_{2,0} = \frac{1}{4} \sqrt{\frac{5}{\pi}} (3\cos^2\theta - 1) \tag{2.20}$$

$$= -\frac{1}{4} \sqrt{\frac{5}{\pi}} \frac{x^2 + y^2 - 2z^2}{r^2} \tag{2.21}$$

2.1 水素原子のシュレーディンガー方程式

$$Y_{2,\pm 1} = \mp \frac{1}{2}\sqrt{\frac{15}{2\pi}} \sin\theta \cos\theta \exp(\pm i\varphi) \quad (2.22)$$

$$= \mp \frac{1}{2}\sqrt{\frac{15}{2\pi}} \frac{(x \pm iy)z}{r^2} \quad (2.23)$$

$$Y_{2,\pm 2} = \frac{1}{4}\sqrt{\frac{15}{2\pi}} \sin^2\theta \exp(\pm 2i\varphi) \quad (2.24)$$

$$= \frac{1}{4}\sqrt{\frac{15}{2\pi}} \frac{x^2 - y^2 \pm 2iyz}{r^2} \quad (2.25)$$

次に動径方向をみていこう．式 (2.7) に式 (2.11) を代入すると，動径方向の固有関数 $R_{n,l}(r)$ の満たすべき方程式が得られる．

$$\left[-\frac{\hbar^2}{2\mu r^2}(\hat{A} - l(l+1)) - \frac{e^2}{r} \right] R_{n,l}(r) = E R_{n,l}(r) \quad (2.26)$$

この方程式は古典力学ででてくる波動方程式とよく似ている．2階の常微分方程式である．この形の方程式の解もよく知られていて，ルジャンドルの微分方程式の解となる．ここでも，その結果だけを示しておこう．

$$R_{n,l}(r) = -\left(\frac{2}{na_0}\right)^{\frac{3}{2}+l} \sqrt{\frac{(n-l-1)!}{2n[(n+l)!]^3}} \, r^l \exp\left(-\frac{r}{na_0}\right) L_{n+l}^{2l+1}\left(\frac{2r}{na_0}\right) \quad (2.27)$$

L_{n+l}^{2l+1} はルジャンドル陪多項式であり，次式で定義される．

$$L_{n+m}^{m}(z) = \frac{d^m}{dz^m}\left[e^z \frac{d^{n+m}}{dz^{n+m}}(z^{n+m}e^{-z}) \right] \quad (2.28)$$

また，a_0 は，

$$a_0 = \frac{\hbar^2}{\mu e^2} \quad (2.29)$$

で与えられる．原子核の質量 M は電子の質量 m と比べ1800倍以上重いので，式 (2.2) で定義した換算質量 μ は電子の質量 m で近似することができる．この場合，a_0 は式 (1.6) で与えたボーアの原子モデルにおけるボーア半径 a_B と等しくなる．ボーア半径 a_B と区別するために，a_0 のことを水素原子

のボーア半径と呼ぶことがある．動径方向の固有関数 $R_{n,l}(r)$ を具体的にいくつか示しておく．

$$R_{1,0} = 2\left(\frac{1}{a_0}\right)^{\frac{3}{2}} \exp(-\rho) \tag{2.30}$$

$$R_{2,0} = \frac{1}{\sqrt{2}}\left(\frac{1}{a_0}\right)^{\frac{3}{2}}\left(1 - \frac{1}{2}\rho\right)\exp\left(-\frac{1}{2}\rho\right) \tag{2.31}$$

$$R_{2,1} = \frac{1}{2\sqrt{6}}\left(\frac{1}{a_0}\right)^{\frac{3}{2}}\rho\exp\left(-\frac{1}{2}\rho\right) \tag{2.32}$$

$$R_{3,0} = \frac{2}{3\sqrt{3}}\left(\frac{1}{a_0}\right)^{\frac{3}{2}}\left(1 - \frac{2}{3}\rho + \frac{2}{27}\rho^2\right)\exp\left(-\frac{1}{3}\rho\right) \tag{2.33}$$

$$R_{3,1} = \frac{8}{27\sqrt{6}}\left(\frac{1}{a_0}\right)^{\frac{3}{2}}\left(1 - \frac{1}{6}\rho\right)\rho\exp\left(-\frac{1}{3}\rho\right) \tag{2.34}$$

$$R_{3,2} = \frac{4}{81\sqrt{30}}\left(\frac{1}{a_0}\right)^{\frac{3}{2}}\rho^2\exp\left(-\frac{1}{3}\rho\right) \tag{2.35}$$

ここで，$\rho = r/a_0$ と置いている．

水素原子のエネルギー E は，式 (2.26) のルジャンドルの方程式から得られる．微分方程式を1価で有限連続な固有関数をもつ条件のもとで解けばよい．

$$E_n = -\frac{\mu e^4}{2\hbar^2}\cdot\frac{1}{n^2} \tag{2.36}$$

$$n = l+1, l+2, \cdots \tag{2.37}$$

方位量子数 l の範囲は式 (2.13) で与えられるから，主量子数 n のとる値は自然数である．式 (2.36) のシュレーディンガー方程式を解いて得られる水素原子のエネルギーと，式 (1.5) のボーアモデルから得られるエネルギーを比べてみよう．式 (2.36) で，換算質量 μ を電子の質量 m で近似すると，ボーアモデルのエネルギーと同じ結果になっていることがわかるだろう．

2.2 水素原子の波動関数

もう少し詳しく,水素原子の波動関数についてみていこう.式 (2.19),式 (2.23),式 (2.25) をみればわかるように,球面調和関数 $Y_{l,m}(\theta,\varphi)$ は一般に複素関数である.そこで,

$$Y_{l,m}^{+}(\theta,\varphi) = \frac{1}{\sqrt{2}}[\,Y_{l,m}(\theta,\varphi) + Y_{l,-m}(\theta,\varphi)\,] \tag{2.38}$$

$$Y_{l,m}^{-}(\theta,\varphi) = \frac{1}{\sqrt{2}i}[\,Y_{l,m}(\theta,\varphi) - Y_{l,-m}(\theta,\varphi)\,] \tag{2.39}$$

のように線形結合をとって実数関数にしておくと都合がいい.このようにして得られた実数の球面調和関数は,方位量子数 l が $l = 0, 1, 2, 3, 4, \cdots$ の場合に対応して,s 関数,p 関数,d 関数,f 関数,g 関数,$\cdots$ とそれぞれ呼ばれる.各々の関数は,磁気量子数 m でさらに区別されて,s 関数は 1 個,p 関数は 3 個,d 関数は 5 個,f 関数は 7 個,g 関数は 9 個に分類することができる.s 関数から d 関数に対して,具体的な角度部分の関数を示しておこう.

s 関数 $\qquad\qquad Y_{0,0} = \dfrac{1}{2}\dfrac{1}{\sqrt{\pi}}$ $\qquad\qquad\qquad$ (2.40)

p_x 関数 $\qquad\qquad Y_{1,1}^{+} = \dfrac{1}{2}\sqrt{\dfrac{3}{\pi}}\dfrac{x}{r}$ $\qquad\qquad\qquad$ (2.41)

p_y 関数 $\qquad\qquad Y_{1,1}^{-} = \dfrac{1}{2}\sqrt{\dfrac{3}{\pi}}\dfrac{y}{r}$ $\qquad\qquad\qquad$ (2.42)

p_z 関数 $\qquad\qquad Y_{1,0} = \dfrac{1}{2}\sqrt{\dfrac{3}{\pi}}\dfrac{z}{r}$ $\qquad\qquad\qquad$ (2.43)

d_{xy} 関数 $\qquad\qquad Y_{2,2}^{-} = \dfrac{1}{2}\sqrt{\dfrac{15}{\pi}}\dfrac{xy}{r^2}$ $\qquad\qquad\qquad$ (2.44)

d_{yz} 関数 $\qquad\qquad Y_{2,1}^{-} = \dfrac{1}{2}\sqrt{\dfrac{15}{\pi}}\dfrac{yz}{r^2}$ $\qquad\qquad\qquad$ (2.45)

d_{zx} 関数
$$Y_{2,1}^+ = \frac{1}{2}\sqrt{\frac{15}{\pi}}\frac{zx}{r^2} \qquad (2.46)$$

$d_{x^2-y^2}$ 関数
$$Y_{2,2}^+ = \frac{1}{4}\sqrt{\frac{15}{\pi}}\frac{x^2-y^2}{r^2} \qquad (2.47)$$

d_{z^2} 関数
$$Y_{2,0} = \frac{1}{4}\sqrt{\frac{5}{\pi}}\frac{3z^2-r^2}{r^2} \qquad (2.48)$$

これらの角度部分の関数に動径部分の固有関数 $R_{n,l}(r)$ をかけ合わせることで，水素原子の波動関数を作ることができる．主量子数 $n=1$ の s 関数は 1s 軌道，$n=2$ の p 関数は 2p 軌道，$n=3$ の d 関数は 3d 軌道といった具合である．具体的に 1s 軌道を作ってみよう．1s 軌道は $n=1, l=0, m=0$ である．式 (2.30) と式 (2.40) を使うと，1s 軌道 Ψ_{1s} は，

$$\Psi_{1s} = R_{1,0}(r) \times Y_{0,0}(\theta, \varphi) = 2e^{-r} \times \frac{1}{2}\frac{1}{\sqrt{\pi}} = \frac{1}{\sqrt{\pi}}e^{-r} \qquad (2.49)$$

となる．ここで，この表現は原子単位系を用いたものであり，原子核と電子の換算質量 μ を電子の質量 m で近似して，$a_0 = a_B = 1$ としていることには少しだけ注意しておこう．同じようにして，p 軌道や d 軌道も作って図示すると，**図 2.2** のような形になる．水素原子の軌道の形は，式 (2.27) で与えられる動径部分の固有関数に含まれる $r^l \exp(-r)$ の関数から決まる．この形の関数のことを**スレーター (Slater) 型関数**と呼ぶ．つまり，水素原子の軌道の形はスレーター型関数である．s 軌道は球対称である．それに対して，s 軌道より高い方位量子数をもつ軌道は方向性をもち，原点を中心として正と負の異なった位相をもっている．

式 (2.49) で与えられた 1s 軌道 Ψ_{1s} が規格化されていることを確かめておこう．

$$\int \Psi_{1s}^* \Psi_{1s}\, d\tau = 1 \qquad (2.50)$$

になることを示せばいい．$\Psi_{1s}^* \Psi_{1s}$ を計算すると e^{-2r}/π である．今，極座標

2.2 水素原子の波動関数

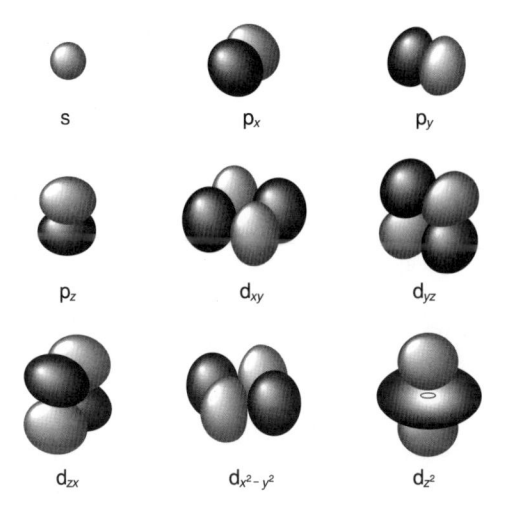

図 2.2 水素原子の軌道の形

を使っているので，体積素片 $d\tau$ は，

$$d\tau = r^2 \sin\theta \, drd\theta d\varphi \tag{2.51}$$

$$0 \leq r \leq \infty, \ 0 \leq \theta \leq \pi, \ 0 \leq \varphi \leq 2\pi \tag{2.52}$$

となる．これに注意すれば，

$$\begin{aligned}\int \Psi_{1s}^* \Psi_{1s} \, d\tau &= \frac{1}{\pi} \int_0^\infty \int_0^\pi \int_0^{2\pi} e^{-2r} r^2 \sin\theta \, drd\theta d\varphi \\ &= \frac{1}{\pi} \times 4\pi \times \int_0^\infty r^2 e^{-2r} \, dr = 4\int_0^\infty r^2 e^{-2r} \, dr\end{aligned} \tag{2.53}$$

となる．ここで，角度部分の積分は，

$$\int_0^\pi \int_0^{2\pi} \sin\theta \, d\theta d\varphi = 4\pi \tag{2.54}$$

となることを使っている．積分公式

$$\int_0^\infty x^n e^{-ax}\, dx = \frac{n!}{a^{n+1}} \tag{2.55}$$

を使うと，

$$\int \Psi_{1s}^* \Psi_{1s}\, d\tau = 4\int_0^\infty r^2 e^{-2r}\, dr = 4 \times \frac{2!}{2^3} = 1 \tag{2.56}$$

となり，1s 軌道 Ψ_{1s} が規格化されていることがわかる．

　水素原子の 1s, 2s, 2p 軌道などのエネルギー準位の関係をここでみておこう．水素原子のエネルギーは式 (2.36) で与えられる．**図 2.3** に，式 (2.36) から求めたエネルギー準位を低い順番に並べて図示している．1s 軌道が最も低く，原子単位で -0.5 のエネルギーをもつ．$1/n^2$ の間隔でエネルギー準位はかわっていくので，高くなれば間隔が狭まっていく様子がわかる．エネルギーは三つの量子数のうち，主量子数 n だけで決まる．主量子数が同じ軌道のエネルギー準位は縮退していることもわかるだろう．

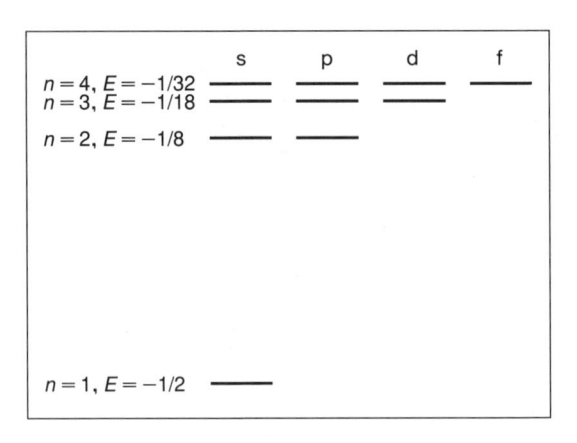

図 2.3　水素原子のエネルギー準位（原子単位）

2.3 角運動量

式 (2.11) で現れたルジャンドル演算子 $\hat{B}$ に対する固有値問題と関連して，**角運動量** (angular momentum) について勉強しておこう．古典的には，角運動量は運動量のモーメントを表す物理量である．量子化学において重要な角運動量は，原子のスペクトルを同定する際に重要になる**軌道角運動量** (orbital angular momentum) と，電子の**スピン角運動量** (spin angular momentum) である．

角運動量 $\hat{\mathbf{L}}$ は，

$$\boxed{\hat{\mathbf{L}} = \hat{\mathbf{r}} \times \hat{\mathbf{p}}} \tag{2.57}$$

で一般に定義される．$\hat{\mathbf{r}}$ は位置ベクトルであり，$\hat{\mathbf{p}}$ は運動量である．成分ごとに書くと，

$$\hat{L}_x = yp_z - zp_y = -i\hbar\left(y\frac{\partial}{\partial z} - z\frac{\partial}{\partial y}\right) \tag{2.58}$$

$$\hat{L}_y = zp_x - xp_z = -i\hbar\left(z\frac{\partial}{\partial x} - x\frac{\partial}{\partial z}\right) \tag{2.59}$$

$$\hat{L}_z = xp_y - yp_x = -i\hbar\left(x\frac{\partial}{\partial y} - y\frac{\partial}{\partial x}\right) \tag{2.60}$$

である．また，角運動量の 2 乗 $\hat{L}^2 (= \hat{\mathbf{L}}^2)$ は，

$$\hat{L}^2 = \hat{L}_x^2 + \hat{L}_y^2 + \hat{L}_z^2 \tag{2.61}$$

で定義される．$\hat{L}^2$ は，極座標を使って書くと，

$$\hat{L}^2 = -\hbar^2\left[\frac{1}{\sin\theta}\frac{\partial}{\partial\theta}\left(\sin\theta\frac{\partial}{\partial\theta}\right) + \frac{1}{\sin^2\theta}\frac{\partial^2}{\partial\varphi^2}\right] \tag{2.62}$$

となる．式 (2.9) のルジャンドル演算子 $\hat{B}$ との間には，

$$\hat{L}^2 = -\hbar^2 \hat{B} \tag{2.63}$$

の関係があることがわかるだろう．そこで，式 (2.11) のルジャンドル演算

子 $\hat{B}$ に対する固有値問題の結果を使うと，$\hat{L}^2$ に対して，

$$\hat{L}^2 Y_{l,m} = l(l+1)\hbar^2 Y_{l,m} \tag{2.64}$$

が成り立つことになる．$Y_{l,m}$ は式 (2.15) で定義した球面調和関数である．l と m の値のとる範囲は，

$$l = 0, 1, 2, \cdots \tag{2.65}$$

$$m = 0, \pm 1, \pm 2, \cdots, \pm l \tag{2.66}$$

でそれぞれ与えられる．式 (2.64) の意味していることは，$\hat{L}^2$ の固有関数は球面調和関数 $Y_{l,m}$ で，このときの固有値が $l(l+1)\hbar^2$ であるということである．球面調和関数 $Y_{l,m}$ は，角運動量演算子の z 成分 $\hat{L}_z$ に対して，

$$\boxed{\hat{L}_z Y_{l,m} = m\hbar Y_{l,m}} \tag{2.67}$$

を同時に満たすことも知られている．つまり，球面調和関数 $Y_{l,m}$ は $\hat{L}^2$ と $\hat{L}_z$ の同時固有関数である．同時固有関数の性質から，$\hat{L}^2$ と $\hat{L}_z$ は可換である．また，$\hat{L}^2$ は $\hat{L}_x$ と $\hat{L}_y$ とも可換である．

$$\hat{L}^2 \hat{L}_x - \hat{L}_x \hat{L}^2 = 0 \tag{2.68}$$

$$\hat{L}^2 \hat{L}_y - \hat{L}_y \hat{L}^2 = 0 \tag{2.69}$$

$$\hat{L}^2 \hat{L}_z - \hat{L}_z \hat{L}^2 = 0 \tag{2.70}$$

これに対して，$\hat{L}_x, \hat{L}_y, \hat{L}_z$ の間には交換関係は成り立っておらず，次の関係で結びつけられる．

$$\hat{L}_x \hat{L}_y - \hat{L}_y \hat{L}_x = i\hbar \hat{L}_z \tag{2.71}$$

$$\hat{L}_y \hat{L}_z - \hat{L}_z \hat{L}_y = i\hbar \hat{L}_x \tag{2.72}$$

$$\hat{L}_z \hat{L}_x - \hat{L}_x \hat{L}_z = i\hbar \hat{L}_y \tag{2.73}$$

原子のスペクトル項

ナトリウム原子を炎の中に置くとナトリウム原子特有の黄色を呈する．炎色反応として知られている現象である．基底状態の原子に熱エネルギーを与えることで電子が励起状態に励起し，励起した電子がまた基底状態に戻るときに発する光を観測している．原子の基底状態や励起状態に名前をつけるため，スペクトル項と呼ばれる記号が使われる．スペクトル項の付け方を説明しておこう．スペクトル記号は一般に $n^{2S+1}L_J$ で与えられる．n は考えている電子配置の中で最も大きい主量子数である．L は，S，P，D，F，G，… であり，合成軌道角運動量の量子数 $L = 0, 1, 2, 3, 4, …$ に対応する．$2S+1$ は一重項 ($S = 0$) や二重項 ($S = 1/2$) のようなスピン多重度である．J は全角運動量の量子数であり，その取りうる値は L と S を使って，$J = L + S$, $L + S - 1, …, |L - S|$ となる．この規則を使って，ナトリウム原子のスペクトル項を基底状態といくつかの励起状態について書いてみると，$2^2S_{1/2}$，$3^2P_{1/2}$，$3^2P_{3/2}$，$4^2D_{3/2}$，$4^2D_{5/2}$，… のようになる．L が P より上の同じ $n^{2S+1}L$ 状態では二つの J の値をもっている．これは第 8 章で勉強するスピン–軌道相互作用による軌道の分裂に由来する．

演習問題

[1] (1) 核電荷 Z の水素様原子に対するシュレーディンガー方程式を書き下せ．
(2) 水素様原子のシュレーディンガー方程式から，基底状態のエネルギーと波動関数を求めよ．

[2] (1) 水素原子の $2p_z$ 軌道の関数形を示せ．
(2) $2p_z$ 軌道が規格化されていることを示せ．
(3) 水素原子の $1s$ 軌道と $2p_z$ 軌道が互いに直交していることを示せ．

[3] 水素原子に対するシュレーディンガー方程式の結果を使って，水素原子の基底状態に関してもう少し詳しくみてみよう．
(1) 原子核からの電子の平均距離を求めよ．

(2) 電子の存在確率が最も大きい原子核からの距離を求めよ．このためには，**動径分布** (radial distribution) $D(r)$ を定義しておくと便利である．動径分布 $D(r)$ は，

$$D(r) = \int_0^\pi \int_0^{2\pi} |\Psi(r)|^2 r^2 \sin\theta \, d\theta d\varphi = 4\pi r^2 |\Psi(r)|^2$$

であり，$D(r)\,dr$ は距離 r と $r+dr$ の間の球殻中に電子を見つけることのできる確率を表す．

[4] 角運動量演算子に関し，次の交換関係が成り立つことを示せ．ここで，$r^2 = x^2 + y^2 + z^2$, $p^2 = p_x^2 + p_y^2 + p_z^2$ である．座標演算子と運動量演算子の交換関係は，$[x, p_x] = i\hbar$, $[y, p_y] = i\hbar$, $[z, p_z] = i\hbar$ のみが 0 ではなく，他は 0 となることを使え．

$$[\hat{L}_x, x] = 0, \quad [\hat{L}_x, y] = i\hbar z, \quad [\hat{L}_x, z] = -i\hbar y,$$
$$[\hat{L}_x, p_x] = 0, \quad [\hat{L}_x, p_y] = i\hbar p_z, \quad [\hat{L}_x, p_z] = -i\hbar p_y,$$
$$[\hat{L}_x, \hat{L}^2] = 0, \quad [\hat{L}_x, r^2] = 0, \quad [\hat{L}_x, p^2] = 0$$

[5] s 型関数 $\phi(r)$ は角運動量演算子 $\hat{L}_z$ と $\hat{L}^2$ の固有値 0 をもった電子を記述することを示せ．ここで，$\phi(r)$ は距離 $r = (x^2 + y^2 + z^2)^{1/2}$ に依存する関数である．また，p 型関数 $p_x = x\phi(r)$ は $\hat{L}_z$ の固有関数ではないが，$\hat{L}_x$ の固有関数になっていることを示せ．$(x \pm iy)\phi(r)$ は固有値 $\pm\hbar$ をもった $\hat{L}_z$ の固有関数になることを示せ．

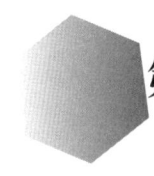

第3章　近似法

　原子や分子に対してシュレーディンガー方程式が厳密に解けるのは，前章で勉強した水素原子のような限られた系だけである．多くの原子・分子に対しては，なんらかの近似を導入してシュレーディンガー方程式を解く必要がある．この章では，多原子分子に対するシュレーディンガー方程式を近似的に解くための二つの道具を勉強する．一つは変分法であり，もう一つは摂動法である．

3.1　変分法と摂動法

　本章からは，多原子分子に対してシュレーディンガー方程式をどのように解けばいいかを考えていく．第2章で，水素原子に対しては厳密にシュレーディンガー方程式を解くことができることをみた．得られる波動関数は動径部分と角度部分の積の形で表された．解析的に波動関数の形がわかっている．水素原子の問題は電子と原子核という2体の問題である．残念ながら，3体以上の多体問題に対してはシュレーディンガー方程式を厳密に解くことはできない．原子・分子に対してシュレーディンガー方程式が厳密に解けるのは，水素原子のほかには He^+ とか Li^{2+} のような水素様原子や，H_2^{2+} のような分子に限られる．これは，例えば太陽と地球と月の問題のような3体問題に対しても，その軌道運動を厳密に決めることができないのと同じである（図3.1）．太陽と地球の運動を考えるだけなら，互いに万有引力によって引き合っているから，地球は太陽を焦点とする楕円軌道を描く．月を考慮する

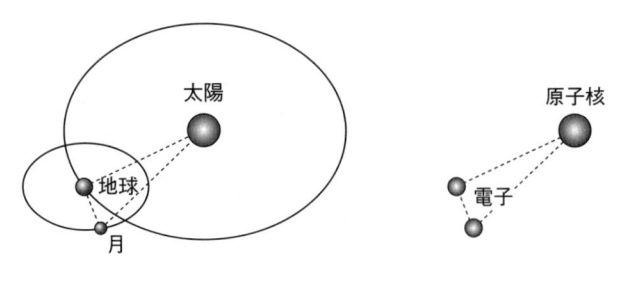

図 3.1　3体問題

と，とたんに厳密な軌道運動を決めることができなくなる．この問題は厳密に解くことができないことがわかっていて，数値計算によって予測しなければならない．

原子・分子の場合も状況は同じで，なんらかの近似を導入してシュレーディンガー方程式を解くことになる．この章では，その準備としてシュレーディンガー方程式を近似的に解くための二つの方法を勉強しておこう．変分法と摂動法である．

3.2　変 分 法

変分法 (variation theory) から始めよう．あるハミルトン演算子 $\hat{H}$ に対し，真の波動関数 Ψ_1 とエネルギー E_1 を与えるシュレーディンガー方程式

$$\hat{H}\Psi_1 = E_1\Psi_1 \tag{3.1}$$

を考える．このとき，真のエネルギー E_1 は，式 (3.1) の両辺に左から Ψ_1 の複素共役 Ψ_1^* をかけて積分することで得られ，

$$E_1 = \frac{\langle \Psi_1|\hat{H}|\Psi_1 \rangle}{\langle \Psi_1|\Psi_1 \rangle} \tag{3.2}$$

である．次に，真の波動関数 Ψ_1 の近似となる波動関数 ϕ（式 (3.5) 参照）を考えてみよう．近似のエネルギー ε は，

3.2 変分法

$$\varepsilon = \frac{\langle \phi | \hat{H} | \phi \rangle}{\langle \phi | \phi \rangle} \tag{3.3}$$

である．このとき，真のエネルギー E_1 と近似のエネルギー ε の間には，

$$\boxed{\varepsilon \geq E_1} \tag{3.4}$$

の関係が成り立つ．等号が成り立つのは $\phi = \Psi_1$ のときである．つまり，近似のエネルギー ε は真のエネルギー E_1 と等しいか，あるいはそれより高くなる．これが変分法の基礎をなす**変分原理**（variational principle）である．

式 (3.4) の変分原理が成り立つことを証明しておこう．ハミルトン演算子 $\hat{H}$ に対する固有関数の組 $\{\Psi_i\}$ $(i = 1, 2, \cdots, n)$ が規格直交系で，かつ完全系をなすとしよう．また，$\Psi_1, \Psi_2, \cdots, \Psi_n$ に対応するエネルギーを $E_1, E_2, \cdots, E_n$ として，低い順に並んでいるとする．近似の波動関数 ϕ は Ψ_i の線形結合で表すことができる．

$$\phi = \sum_{i=1}^{n} C_i \Psi_i \tag{3.5}$$

証明を簡単にするために，ϕ は規格化されているとする．すると，$\langle \phi | \phi \rangle = 1$ であるから，式 (3.5) を代入することで $\sum_{j=1}^{n} |C_j|^2 = 1$ であることがわかる．式 (3.3) に式 (3.5) を代入すると，

$$\varepsilon = \langle \phi | \hat{H} | \phi \rangle = \sum_{i=1}^{n} \sum_{j=1}^{n} C_i^* C_j \langle \Psi_i | \hat{H} | \Psi_j \rangle \tag{3.6}$$

となる．$\hat{H} | \Psi_j \rangle = E_j | \Psi_j \rangle$ であることを使うと，

$$\varepsilon = \sum_{i=1}^{n} \sum_{j=1}^{n} C_i^* C_j E_j \langle \Psi_i | \Psi_j \rangle = \sum_{i=1}^{n} \sum_{j=1}^{n} C_i^* C_j E_j \delta_{ij} = \sum_{j=1}^{n} |C_j|^2 E_j \tag{3.7}$$

であることがわかる．$E_1 \leq E_2 \leq \cdots \leq E_n$ としているから，

$$\varepsilon = \sum_{j=1}^{n} |C_j|^2 E_j \geq E_1 \sum_{j=1}^{n} |C_j|^2 = E_1 \tag{3.8}$$

となり，結局，式 (3.4) が成り立つ．ここでは，ϕ が規格化されていると仮

定したが，そうでない場合にも同じように証明することができる．読者の演習に任せよう．

　変分原理から，最良の近似波動関数 ϕ は式 (3.3) のエネルギーを最小にするように選べばいいことになる．最良の波動関数はどのような形をしているのだろうか．一般には，その形が最初からわかっていることは少ない．そこで，近似波動関数 ϕ をあらかじめ形のわかっている n 個の線形独立な関数 φ_i の線形結合で表そう．

$$\phi = \sum_{i=1}^{n} c_i \varphi_i \tag{3.9}$$

c_i は展開係数である．近似波動関数 ϕ は**試行関数** (trial function) とも呼ばれる．式 (3.3) のエネルギーが最小になるように展開係数 c_i を決定することで最良の近似波動関数 ϕ を求める．これが変分法である．特に今の場合のように，線形結合で近似した試行関数から出発する変分法のことを**リッツ (Ritz) の変分法**という．式 (3.9) の形の試行関数を式 (3.3) に代入してみよう．

$$\varepsilon = \frac{\sum_{i,j} c_i^* c_j H_{ij}}{\sum_{i,j} c_i^* c_j S_{ij}} \tag{3.10}$$

ここで，H_{ij} と S_{ij} は，

$$H_{ij} = \langle \varphi_i | \hat{H} | \varphi_j \rangle \tag{3.11}$$

$$S_{ij} = \langle \varphi_i | \varphi_j \rangle \tag{3.12}$$

で定義される．リッツの変分法では，すべての展開係数 c_i に関しエネルギーを最小にする条件

$$\boxed{\frac{\partial \varepsilon}{\partial c_i} = 0, \quad i = 1, 2, \cdots, n} \tag{3.13}$$

から展開係数 c_i を決定する．式 (3.10) を展開係数 c_i で微分することで，こ

の条件は次の連立方程式を解くことと等価になることがわかる.

$$\boxed{\sum_{j=1}^{n}(H_{ij}-\varepsilon S_{ij})c_j=0} \tag{3.14}$$

この連立方程式が線形独立な φ_i に対して解をもつ条件は，行列式を使って，

$$\boxed{\begin{vmatrix} H_{11}-\varepsilon S_{11} & H_{21}-\varepsilon S_{21} & \cdots & H_{n1}-\varepsilon S_{n1} \\ H_{12}-\varepsilon S_{12} & H_{22}-\varepsilon S_{22} & \cdots & H_{n2}-\varepsilon S_{n2} \\ \vdots & \vdots & \ddots & \vdots \\ H_{1n}-\varepsilon S_{1n} & H_{2n}-\varepsilon S_{2n} & \cdots & H_{nn}-\varepsilon S_{nn} \end{vmatrix}=0} \tag{3.15}$$

である．この方程式のことを**永年方程式** (secular equation) という (9.3.1 項参照)．この永年方程式を解けば，n 個のエネルギー固有値 ε とそれに対応する展開係数の組 $\{c_i\}$ (これを固有ベクトルという) を得ることができる．今，エネルギーを低いほうから $\varepsilon_1, \varepsilon_2, \cdots, \varepsilon_n$ としておこう．最も低いエネルギー固有値 ε_1 をもつ場合が基底状態である．それより高いエネルギーをもつ場合は励起状態に対応する．真のエネルギーも同じように低いほうから $E_1, E_2, \cdots, E_n$ とすると，各々の状態に対して式 (3.4) と同様の関係式

$$\varepsilon_i \geq E_i \tag{3.16}$$

が成り立つ．

3.3 摂動法

次に，**摂動法** (perturbation theory) について説明しよう．わかっている結果を出発点として，真の波動関数 Ψ とそのエネルギー E を逐次的に求めていくのが摂動法である．

ハミルトン演算子 $\hat{H}$ が，弱い相互作用を表す摂動項 $\hat{V}^{(1)}$ を使って，

$$\hat{H}=\hat{H}^{(0)}+\hat{V}^{(1)} \tag{3.17}$$

と表せるとしよう.このとき,$\hat{H}^{(0)}$ は無摂動のハミルトン演算子と呼ばれる.以降,演算子の右肩についている括弧中の数字は,摂動の次数を表すことにする.摂動法では,無摂動のハミルトン演算子 $\hat{H}^{(0)}$ の固有方程式の解があらかじめわかっているとする.

$$\hat{H}^{(0)}\Psi_i^{(0)} = E_i^{(0)}\Psi_i^{(0)}, \quad i = 1, 2, \cdots \tag{3.18}$$

$\Psi_i^{(0)}$ と $E_i^{(0)}$ はそれぞれ無摂動のハミルトン演算子 $\hat{H}^{(0)}$ の (i 番目の) 固有関数とエネルギーである.これから取り扱う摂動法では,エネルギーが縮退していないとする.エネルギーが縮退している場合も摂動法を用いることができるが,本書では取り扱わない.固有関数の組 $\{\Psi_i^{(0)}\}$ は完全規格直交系をなしているとする.先に結果を示しておこう.摂動法を使うと,ハミルトン演算子 $\hat{H}$ の解である真の波動関数 Ψ_n とそのエネルギー E_n は,

$$\boxed{\Psi_n = \Psi_n^{(0)} + \sum_{i(\neq n)} \frac{V_{in}^{(1)}}{E_n^{(0)} - E_i^{(0)}} \Psi_i^{(0)} + \cdots} \tag{3.19}$$

$$\boxed{E_n = E_n^{(0)} + V_{nn}^{(1)} + \sum_{i(\neq n)} \frac{V_{ni}^{(1)} V_{in}^{(1)}}{E_n^{(0)} - E_i^{(0)}} + \cdots} \tag{3.20}$$

で近似することができる.ここで,

$$\boxed{V_{ij}^{(1)} = \langle \Psi_i^{(0)} | \hat{V}^{(1)} | \Psi_j^{(0)} \rangle} \tag{3.21}$$

である.

 導出してみよう.真の波動関数 Ψ_n とそのエネルギー E_n が,

$$E_n = E_n^{(0)} + E_n^{(1)} + E_n^{(2)} + \cdots \tag{3.22}$$

$$\Psi_n = \Psi_n^{(0)} + \Psi_n^{(1)} + \Psi_n^{(2)} + \cdots \tag{3.23}$$

というふうに展開できるとする.これらを

$$\hat{H}\Psi_n = E_n\Psi_n \tag{3.24}$$

に代入してみよう.

3.3 摂動法

$$(\hat{H}^{(0)} + \hat{V}^{(1)})(\Psi_n^{(0)} + \Psi_n^{(1)} + \Psi_n^{(2)} + \cdots)$$
$$= (E_n^{(0)} + E_n^{(1)} + E_n^{(2)} + \cdots)(\Psi_n^{(0)} + \Psi_n^{(1)} + \Psi_n^{(2)} + \cdots) \quad (3.25)$$

左辺と右辺で同じ次数をもつ項が等しいとすると，0次から2次までの項に関し，以下の関係式を得ることができる．

0次 $\quad\quad\quad\quad \hat{H}^{(0)}\Psi_n^{(0)} = E_n^{(0)}\Psi_n^{(0)} \quad\quad\quad\quad (3.26)$

1次 $\quad\quad \hat{H}^{(0)}\Psi_n^{(1)} + \hat{V}^{(1)}\Psi_n^{(0)} = E_n^{(0)}\Psi_n^{(1)} + E_n^{(1)}\Psi_n^{(0)} \quad\quad (3.27)$

2次 $\quad \hat{H}^{(0)}\Psi_n^{(2)} + \hat{V}^{(1)}\Psi_n^{(1)} = E_n^{(0)}\Psi_n^{(2)} + E_n^{(1)}\Psi_n^{(1)} + E_n^{(2)}\Psi_n^{(0)} \quad (3.28)$

0次に関しては，式 (3.18) と同じである．まず，1次で寄与する項に着目してみよう．式 (3.27) の両辺に，左から $\Psi_n^{(0)*}$ をかけて積分すると，

$$\langle \Psi_n^{(0)}|\hat{H}^{(0)}|\Psi_n^{(1)}\rangle + V_{nn}^{(1)} = E_n^{(0)}\langle \Psi_n^{(0)}|\Psi_n^{(1)}\rangle + E_n^{(1)}\langle \Psi_n^{(0)}|\Psi_n^{(0)}\rangle \quad (3.29)$$

となる．ここで，左辺第1項に対して，式 (3.26) が成り立っていることと，右辺第2項で $\Psi_n^{(0)}$ が規格化されていることを使うと，1次の摂動エネルギーに関して，

$$E_n^{(1)} = V_{nn}^{(1)} \quad\quad\quad (3.30)$$

の関係を得ることができる．波動関数に関する1次の寄与 $\Psi_n^{(1)}$ を求めるために，完全規格直交性をなしている $\{\Psi_i^{(0)}\}$ の線形結合で $\Psi_n^{(1)}$ を表してみよう．

$$\Psi_n^{(1)} = \sum_i C_{in}^{(1)} \Psi_i^{(0)} \quad\quad\quad (3.31)$$

$C_{in}^{(1)}$ は展開係数である．これを式 (3.27) に代入して，両辺に左から $m \neq n$ である $\Psi_m^{(0)*}$ をかけて積分すると，

$$\sum_i C_{in}^{(1)} \langle \Psi_m^{(0)}|\hat{H}^{(0)}|\Psi_i^{(0)}\rangle + V_{mn}^{(1)} = E_n^{(0)} \sum_i C_{in}^{(1)} \langle \Psi_m^{(0)}|\Psi_i^{(0)}\rangle + E_n^{(1)} \langle \Psi_m^{(0)}|\Psi_n^{(0)}\rangle$$
$$(3.32)$$

となる．$\{\Psi_i^{(0)}\}$ の組が規格直交系であることを使うと，

$$C_{mn}^{(1)} = \frac{V_{mn}^{(1)}}{E_n^{(0)} - E_m^{(0)}} \quad\quad\quad (3.33)$$

であることがわかる．式 (3.31) に代入すると結局，波動関数の1次の寄与 $\Psi_n^{(1)}$ は，

$$\Psi_n^{(1)} = \sum_{i(\neq n)} \frac{V_{in}^{(1)}}{E_n^{(0)} - E_i^{(0)}} \Psi_i^{(0)} \tag{3.34}$$

となる．次に2次で寄与する項をみていこう．1次の場合と同じように，式 (3.28) の両辺に左から $\Psi_n^{(0)*}$ をかけて積分すると，

$$\langle \Psi_n^{(0)} | \hat{V}^{(1)} | \Psi_n^{(1)} \rangle = E_n^{(1)} \langle \Psi_n^{(0)} | \Psi_n^{(1)} \rangle + E_n^{(2)} \tag{3.35}$$

となる．式 (3.30) の $E_n^{(1)}$ と式 (3.34) の $\Psi_n^{(1)}$ を代入すると，

$$E_n^{(2)} = \sum_{i(\neq n)} \frac{V_{ni}^{(1)} V_{in}^{(1)}}{E_n^{(0)} - E_i^{(0)}} - \sum_{i(\neq n)} \langle \Psi_n^{(0)} | \Psi_i^{(0)} \rangle \frac{V_{in}^{(1)} V_{nn}^{(1)}}{E_n^{(0)} - E_i^{(0)}} \tag{3.36}$$

となるが，右辺第2項は $|\Psi_i^{(0)}\rangle$ の直交性から0になるので，エネルギーに対する2次の寄与は，

$$E_n^{(2)} = \sum_{i(\neq n)} \frac{V_{ni}^{(1)} V_{in}^{(1)}}{E_n^{(0)} - E_i^{(0)}} \tag{3.37}$$

で与えられることになる．波動関数に対する2次の寄与も1次の場合と同様にすれば求めることができるが，ここでは省略しよう．これで，式 (3.19) と式 (3.20) が導出できた．

容易に想像できるように，摂動法の逐次的な取扱いが真の解に素早く収束するのは，摂動項 $\hat{V}$ が無摂動ハミルトン演算子 $\hat{H}^{(0)}$ と比べて十分小さな場合である．言いかえると，無摂動ハミルトン演算子 $\hat{H}^{(0)}$ の固有方程式の解が真の解を十分よく近似している場合である．

原子価結合法

本書では，分子の電子状態を決定する方法として分子軌道法を中心に勉強する．歴史的なことをいうと，分子軌道法と並んで原子価結合法 (valence bond theory) という理論が分子の化学結合を理解するのに用いられてきた．原子価結合法は，分子軌道法の発展以前の1927年にハイトラー (Heitler) とロンドン (London) によって水素分子の化学結合を理解するために提案され

た.この方法では,二つの水素原子 A と B の各々の軌道 φ_A と φ_B 上に電子が存在すると考える.分子軌道法では,電子が分子全体に拡がっていると考えるのと対照的である.二つの水素原子 A と B が近付くと軌道同士の重なりにより結合ができる.このときの波動関数 Ψ を式で書くと,

$$\Psi = N[\varphi_A(1)\varphi_B(2) + \varphi_A(2)\varphi_B(1)]$$

となる.ここで,N は規格化定数である.正確な波動関数では共有結合の項とイオン結合の項がバランスよく含まれることになるが,$H_A^+ - H_B^-$ と $H_A^- - H_B^+$ のようなイオン結合の項をこの波動関数は含んでおらず,共有結合の項だけからなっていることに注意しよう.それにもかかわらず,原子価結合法は水素分子の化学結合をうまく説明することができた.原子のもつ軌道上に存在する電子が化学結合に関与するという,化学的な直観に沿ったわかりやすい描像をもっている.しかしながら,のちにその他の分子への拡張や精度を高める方法も考えられた結果,逆にどんどん複雑になりわかりやすさが失われてしまった.そのため現在では,もっぱら分子軌道法のほうが分子の電子状態を理解するために用いられている.

演習問題

[1] 基底状態における水素原子の波動関数の試行関数として,次の形のスレーター型関数を考えよう.

$$\Psi = N\exp(-\alpha r)$$

ここで,N は規格化定数である.変分法を用いて,α とそのときの波動関数を決定せよ.

[2] 問題 [1] と同様に,今度は水素原子の波動関数の試行関数として,次の形の関数を考える.

$$\Psi = N\exp(-\alpha r^2)$$

ここで,N は規格化定数である.この形の関数は**ガウス (Gauss) 型関数**である.変分法を用いることで α を決定せよ.計算には次の積分公式を用いるとよい.

$$\int_0^\infty x^{2n} \exp(-ax^2)\, dx = \frac{1 \cdot 3 \cdot 5 \cdots (2n-1)}{2^{n+1} a^n} \sqrt{\frac{\pi}{a}}$$

[3] 変分法を使って,ヘリウム原子のエネルギーを求めてみよう.ヘリウム原子(核電荷 $Z=2$) のハミルトン演算子は,

$$\hat{H} = -\frac{1}{2}(\nabla_1^2 + \nabla_2^2) - \frac{Z}{r_1} - \frac{Z}{r_2} + \frac{1}{r_{12}}$$

である.ヘリウム原子の波動関数 $\Psi(r_1, r_2)$ を第2章の問題 [1] で求めた水素様原子の波動関数 $\Phi(r)$ の積で近似しよう.

$$\Psi(r_1, r_2) = \Phi(r_1)\,\Phi(r_2)$$

$$\Phi(r) = \frac{1}{\sqrt{\pi}} (Z')^{3/2} \exp(-Z' r)$$

ここで,Z' は有効核電荷で,これを変分パラメータとする.

(1) Z' を使って,ヘリウム原子のエネルギーを表せ.ただし,$1/r_{12}$ に関する積分は面倒なので,

$$\left\langle \Psi(r_1, r_2) \left| \frac{1}{r_{12}} \right| \Psi(r_1, r_2) \right\rangle = \frac{5}{8} Z'$$

であることを使っていい.

(2) (1)で得られたエネルギーが最も安定になる Z' を求めて,このときのエネルギーを計算せよ.

[4] 今度は摂動法により,ヘリウム原子のエネルギーを求めてみよう.ヘリウム原子のハミルトン演算子 $\hat{H}$ の中の2電子項を摂動項 $\hat{V}^{(1)}$ とする.

$$\hat{V}^{(1)} = \frac{1}{r_{12}}$$

このとき,無摂動ハミルトン演算子 $\hat{H}^{(0)}$ は,

$$\hat{H}^{(0)} = -\frac{1}{2}(\nabla_1^2 + \nabla_2^2) - \frac{Z}{r_1} - \frac{Z}{r_2}, \quad Z = 2$$

である.無摂動ハミルトン演算子に対する波動関数 $\Psi^{(0)}(r_1, r_2)$ は,水素様原子の波動関数 $\Phi(r)$ の積とする.

$$\Psi^{(0)}(r_1, r_2) = \Phi(r_1)\,\Phi(r_2)$$

$$\Phi(r) = \frac{1}{\sqrt{\pi}} Z^{3/2} \exp(-Zr)$$

1次摂動法を使って，ヘリウム原子のエネルギーを計算せよ．

[5] 摂動法を使って，質量 m の粒子が図のような1次元の箱型様ポテンシャル $V(x) = \sin^{-2}(\pi x/L)\,(0 \leq x \leq L)$ の中を運動する問題を考えてみよう．エネルギーを1次の摂動エネルギーまで考慮して求めよ．次の積分の結果を用いるとよい．

$$\int_0^\pi \frac{\sin^2 nx}{\sin^2 x}\,dx = n\pi$$

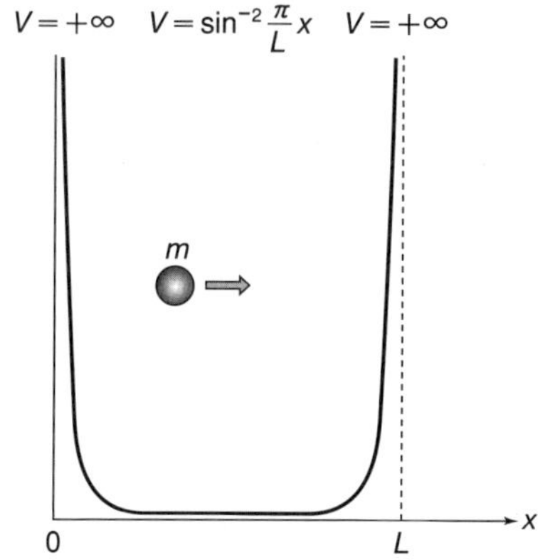

$V = +\infty \quad V = \sin^{-2}\dfrac{\pi}{L}x \quad V = +\infty$

図　1次元の箱型様ポテンシャルの中を運動する粒子

[6] エネルギーがそれぞれ E_A と E_B $(E_A < E_B)$ の二つの状態 Ψ_A と Ψ_B が相互作用する場合を考えよう．このときのハミルトン演算子を $\hat{H}$ とし，Ψ_A と Ψ_B は実数で規格直交系をなすとしておこう．

(1) 変分法により，相互作用することで新たに得られるエネルギー準位 E_1^{V} と E_2^{V} $(E_1^{\mathrm{V}} < E_2^{\mathrm{V}})$ を求めよ．

(2) 摂動法を使って，相互作用により得られるエネルギー準位 E_1^{p} と E_2^{p} $(E_1^{\mathrm{p}} < E_2^{\mathrm{p}})$ を2次の摂動エネルギーまで考慮することで求めよ．

(3) $\langle \Psi_A | \hat{H} | \Psi_B \rangle$ が十分小さいとして，変分法と摂動法の結果を比較せよ．

第4章　分子軌道法

　第3章で近似的に多電子系のシュレーディンガー方程式を解くための準備ができた．この章では，多電子系のシュレーディンガー方程式を解くための近似法の一つである分子軌道法を勉強していこう．第3章で勉強した変分法を用いることになる．分子軌道法は，現在の量子化学計算の基礎をなす方法となっている．この章ではまず，分子軌道法の基礎となっているボルン–オッペンハイマー近似と分子軌道の概念について説明する．分子軌道法といっても，導入する近似のレベルによって計算の労力はまったく違うし，得られる結果の信頼性もまちまちである．この章では，最も簡単な分子軌道法であるヒュッケル法を紹介する．さらに高度な分子軌道法に関しては，第5章と第6章で勉強することにしよう．

4.1　ボルン–オッペンハイマー近似

　原子核の質量は，電子と比べて1800倍以上重い．原子核の運動は，電子の運動と比べるとずっと遅いだろう．そのため，電子の運動に対して原子核の運動を固定させて考えようというのが，ボルン (Born) とオッペンハイマー (Oppenheimer) によって導入された近似である．この近似のことを**ボルン–オッペンハイマー近似**と呼ぶ．ボルン–オッペンハイマー近似は，しばしば**断熱近似** (adiabatic approximation) とも呼ばれる．ボルン–オッペンハイマー近似を用いると，原子・分子のシュレーディンガー方程式

$$\hat{H}\Psi = E\Psi \tag{4.1}$$

4.1 ボルン-オッペンハイマー近似

$$\hat{H} = \sum_A^{N_n}\left(-\frac{\hbar^2}{2M_A}\nabla_A^2\right) + \sum_i^{N_e}\left(-\frac{\hbar^2}{2m}\nabla_i^2\right) - \sum_i^{N_e}\sum_A^{N_n}\frac{Z_A e^2}{r_{iA}} + \sum_{i<j}^{N_e}\frac{e^2}{r_{ij}} + \sum_{A<B}^{N_n}\frac{Z_A Z_B e^2}{R_{AB}} \tag{4.2}$$

は，電子に関するシュレーディンガー方程式

$$\hat{H}_{\text{elec}}\Psi_{\text{elec}} = E_{\text{elec}}\Psi_{\text{elec}} \tag{4.3}$$

$$\hat{H}_{\text{elec}} = \sum_i^{N_e}\left(-\frac{\hbar^2}{2m}\nabla_i^2\right) - \sum_i^{N_e}\sum_A^{N_n}\frac{Z_A e^2}{r_{iA}} + \sum_{i<j}^{N_e}\frac{e^2}{r_{ij}} \tag{4.4}$$

と，原子核に対するシュレーディンガー方程式

$$(\hat{H}_{\text{nuc}} + E_{\text{elec}})\Psi_{\text{nuc}} = E_{\text{nuc}}\Psi_{\text{nuc}} \tag{4.5}$$

$$\hat{H}_{\text{nuc}} = \sum_A^{N_n}\left(-\frac{\hbar^2}{2M_A}\nabla_A^2\right) + \sum_{A<B}^{N_n}\frac{Z_A Z_B e^2}{R_{AB}} \tag{4.6}$$

に分離して考えることができる．$\hat{H}_{\text{elec}}$ と $\hat{H}_{\text{nuc}}$ はそれぞれ電子ハミルトン演算子と原子核ハミルトン演算子である．

われわれが興味のある原子や分子中の電子の動き，つまり，**電子状態** (electronic state) を求めるためには，式 (4.3) の電子に関するシュレーディンガー方程式を解くことになる．その際，系のエネルギーの安定性を考えるためには，原子核間の相互作用項も一緒に考えたほうが都合がいい．原子核ハミルトン演算子の中の原子核間相互作用項を電子ハミルトン演算子のほうに移しておこう．

$$\hat{H}_e = \sum_i^{N_e}\left(-\frac{\hbar^2}{2m}\nabla_i^2\right) - \sum_i^{N_e}\sum_A^{N_n}\frac{Z_A e^2}{r_{iA}} + \sum_{i<j}^{N_e}\frac{e^2}{r_{ij}} + \sum_{A<B}^{N_n}\frac{Z_A Z_B e^2}{R_{AB}} \tag{4.7}$$

原子単位系で書くと，

$$\hat{H}_e = \sum_i^{N_e}\left(-\frac{1}{2}\nabla_i^2\right) - \sum_i^{N_e}\sum_A^{N_n}\frac{Z_A}{r_{iA}} + \sum_{i<j}^{N_e}\frac{1}{r_{ij}} + \sum_{A<B}^{N_n}\frac{Z_A Z_B}{R_{AB}} \tag{4.8}$$

となる．これを電子ハミルトン演算子として，電子に関するシュレーディンガー方程式

$$\hat{H}_e\Psi_e = E_e\Psi_e \tag{4.9}$$

を解くことで原子・分子の電子状態を計算することになる.

4.2 電子のスピン

分子軌道を導入する前に，**電子のスピン** (electron spin) について説明しておこう．電子のスピンは，2.3 節で説明した角運動量の特別な場合である．スピンの概念は，第 8 章で述べる相対論的量子力学を使うと自然な形で導入される．しかしながら，今取り扱っている非相対論の枠組みの中では，スピンは ad hoc に取り扱わなければいけない．

量子論が誕生するよりも前に，磁場中の原子からの発光ビームが二つに分裂している現象が知られていた．ゼーマン (Zeeman) 効果である．ゼーマン効果は電子の自転に伴う磁気モーメントが原因であると考えられている．電子のような電荷をもつ粒子が運動する場合には角運動量が付随する．これが電子のスピンである．

一般の角運動量の場合と同様に，スピン角運動量も次の二つの同時固有方程式を満たす．

$$\hat{s}^2 \Gamma = s(s+1)\hbar^2 \Gamma \tag{4.10}$$

$$\hat{s}_z \Gamma = m_s \hbar \Gamma \tag{4.11}$$

固有関数 Γ は $\hat{s}^2$ と $\hat{s}_z$ の同時固有関数である．s と m_s はそれぞれ**スピン量子数**と**スピン磁気量子数**と呼ばれる．スピン角運動量の場合は，m_s として二つの値しか取りえないことがわかっている．つまり，s と m_s は，

$$s = \frac{1}{2} \tag{4.12}$$

$$m_s = \pm \frac{1}{2} \tag{4.13}$$

ということになる. $m_s = +\frac{1}{2}$ に対応する固有関数 Γ を α, $m_s = -\frac{1}{2}$ に対応する固有関数 Γ を β で表すのが通例である. つまり, スピンには α スピンと β スピンの 2 種類がある.

4.3 分子軌道

ボルン–オッペンハイマー近似を用いることで, 原子核と電子の運動を分離することができた. 原子や分子の電子状態を求めるためには, 式 (4.9) の電子に関するシュレーディンガー方程式を解けばいい. 原子核と電子という多粒子の問題から, 電子のみに着目した問題を解けばいいことになったわけである. しかしながら, それでもなお, 多電子系に対する方程式を解く必要が残る. これまでみてきたように, 3 体以上のシュレーディンガー方程式の解は厳密に求めることができない. さらに何らかの近似が必要である.

その近似が**分子軌道** (molecular orbital, **MO**) の導入である. 分子軌道は, 一つの電子の座標 τ だけを含む 1 電子軌道関数である. これを $\varphi(\tau)$ と書こう. ここで, 電子の座標 τ は位置の座標 r のほかに, 4.2 節で説明した電子スピンの座標 ω を含んでいる. スピンには α スピンと β スピンがあるから, 分子軌道 $\varphi(\tau)$ を空間部分 $\phi(r)$ と二つのスピン部分にわけて書くと,

$$\varphi(\tau) = \begin{cases} \phi(r)\alpha(\omega) \\ \phi(r)\beta(\omega) \end{cases} \quad (4.14)$$

となる. $\phi(r)$ のことを**空間軌道** (space orbital) という. これに対し, スピン関数を含んだ $\varphi(\tau)$ のことを**スピン軌道** (spin orbital) という. あとで空間軌道を使ったり, スピン軌道を使ったりするので, この違いはよく理解しておこう.

分子軌道は実在のものではない. 人間が考え出した概念にすぎない. しかしながら, 分子軌道に基づく分子軌道法は化学を理解するために大いに役立ってきた. 第 7 章でみるように, フロンティア軌道理論はその代表である.

1a₁ のラベル群:

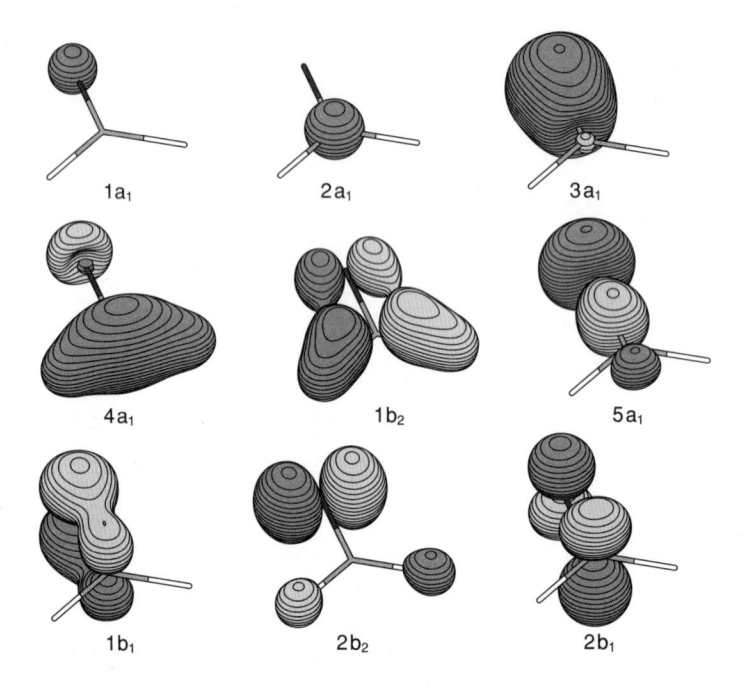

1a₁ 2a₁ 3a₁

4a₁ 1b₂ 5a₁

1b₁ 2b₂ 2b₁

図 4.1 ホルムアルデヒド（CH_2O）分子の分子軌道．ホルムアルデヒドは C_{2v} 対称性であり，図中の a_1, b_1, b_2 は軌道の対称性を表す（章末コラム参照）．

図 4.1 は，ホルムアルデヒド（CH_2O）分子の分子軌道を図示したものである．原子軌道の場合と同じで，分子軌道も正と負の位相をもっていることがわかる．原子の場合のような高い対称性はもっていないが，分子の形に沿って対称的な形をしている．また，分子軌道は分子全体に広がっていることもわかるだろう．

4.4 ヒュッケル分子軌道法

分子軌道法の中で，最も簡単な方法は**ヒュッケル**（Hückel）**分子軌道法**である．分子中の σ 電子と π 電子のうち，σ 電子は計算の対象から外して，共

役結合に関与する π 電子のみを考慮する方法である.1930 年代にヒュッケルによって提案されて以来,共役炭化水素分子の問題に広く適用されて,その解釈に大きな影響を与えた.

今,電子シュレーディンガー方程式から σ 電子部分を除くことができて,n 個の π 電子からなる電子シュレーディンガー方程式

$$\hat{H}_\pi \Psi_\pi = E_\pi \Psi_\pi \tag{4.15}$$

が得られたとしよう.E_π は π 電子エネルギーであり,Ψ_π は π 電子の全波動関数である.$\hat{H}_\pi$ は π 電子に対する電子ハミルトン演算子で,

$$\hat{H}_\pi = \sum_i^n \left(-\frac{\nabla_i^2}{2}\right) - \sum_i^n \sum_A^{N_n} \frac{Z_A}{r_{iA}} + \sum_{i<j}^n \frac{1}{r_{ij}} \tag{4.16}$$

で与えられる.ヒュッケル法では,電子ハミルトン演算子 $\hat{H}_\pi$ を 1 電子のハミルトン演算子 $\hat{h}$ の和として表す.

$$\hat{H}_\pi = \sum_i^n \hat{h}(i) \tag{4.17}$$

ここで,i は電子に対する番号を表している.ヒュッケル法を解く際に,1 電子ハミルトン演算子 $\hat{h}$ がどんな形をしているかを知っている必要はない.あとで説明するように,$\hat{h}$ に関する積分は単なるパラメータとしてのみ現れる.ヒュッケル法では,全波動関数 Ψ_π をスピン軌道 φ_i の積として近似する.

$$\Psi_\pi = \varphi_1 \varphi_2 \cdots \varphi_n \tag{4.18}$$

n 電子系に対する電子のシュレーディンガー方程式を解くことは,一つの電子に着目した次の固有方程式を解くことに帰着できる.

$$\boxed{\hat{h}(i)\varphi_i = \varepsilon_i \varphi_i} \tag{4.19}$$

ε_i は軌道エネルギーである.式 (4.17),式 (4.18),式 (4.19) を式 (4.15) に代入してみるとわかるように,E_π と ε_i の間には,

$$\boxed{E_\pi = \sum_i^n n_i \varepsilon_i} \tag{4.20}$$

の関係が成り立つ. n_i は i 番目の分子軌道に入っている電子の数を示し, **電子占有数** (electron occupation number) と呼ばれる. n_i は $n_i = 0, 1, 2$ という値をとる. 式 (4.20) の関係からわかるように, 全系の π 電子エネルギーは電子が占有している分子軌道の 1 電子エネルギーの和で与えられる. 式 (4.19) の固有方程式の両辺に, 分子軌道 φ_i の複素共役をかけて積分すると,

$$\int \varphi_i^* \hat{h}(i) \varphi_i \, d\tau = \varepsilon_i \int \varphi_i^* \varphi_i \, d\tau \tag{4.21}$$

となる. 1 電子ハミルトン演算子 $\hat{h}$ はスピンに依存しないから, スピン部分をスピン関数の規格化条件を使って積分してしまって, 空間軌道 ϕ_i の表現に直すと,

$$\int \phi_i^* \hat{h}(i) \phi_i \, dr_i = \varepsilon_i \int \phi_i^* \phi_i \, dr_i \tag{4.22}$$

である.

ヒュッケル法では炭素原子あたり一つの π 電子を考え, これらの π 原子軌道 χ_p の線形結合によって分子軌道 ϕ_i を構成する.

$$\phi_i = \sum_{p}^{n} C_{pi} \chi_p \tag{4.23}$$

C_{pi} は **分子軌道係数** (molecular orbital coefficient) である. n は π 電子の数であり, 炭素原子の数でもある. 第 3 章で説明した変分法を適用して, 分子軌道係数 C_{pi} に関しエネルギーを最小にすることで分子軌道を決定する.

$$\frac{\partial \varepsilon_i}{\partial C_{pi}} = 0, \quad p = 1, 2, \cdots, n \tag{4.24}$$

式 (4.22) に式 (4.23) の分子軌道を代入して, 展開係数である分子軌道係数 C_{pi} で両辺を微分すればいい. 次の形の行列方程式を解くことになる.

$$\mathbf{HC} = \mathbf{SC}\varepsilon \tag{4.25}$$

$\mathbf{H}$ はハミルトン行列, $\mathbf{S}$ は重なり行列と呼ばれ, それぞれの行列の要素は,

4.4 ヒュッケル分子軌道法

$$H_{pq} = \int \chi_p^* \hat{h} \chi_q \, dr \tag{4.26}$$

$$S_{pq} = \int \chi_p^* \chi_q \, dr \tag{4.27}$$

で与えられる．C は分子軌道係数を要素としている行列であり，ε は軌道エネルギーを要素とする対角行列である．式 (4.25) を解くことは，次の永年方程式を解くことと同じである．

$$\begin{vmatrix} H_{11} - \varepsilon S_{11} & H_{21} - \varepsilon S_{21} & \cdots & H_{n1} - \varepsilon S_{n1} \\ H_{12} - \varepsilon S_{12} & H_{22} - \varepsilon S_{22} & \cdots & H_{n2} - \varepsilon S_{n2} \\ \vdots & \vdots & \ddots & \vdots \\ H_{1n} - \varepsilon S_{1n} & H_{2n} - \varepsilon S_{2n} & \cdots & H_{nn} - \varepsilon S_{nn} \end{vmatrix} = 0 \tag{4.28}$$

ヒュッケル法では，この永年方程式に含まれる積分 H_{pq} を

$$\boxed{\begin{aligned} &H_{pq} = \alpha \; (p = q \text{ の場合}) \\ &H_{pq} = \beta \; (p \neq q \text{ で原子 } p \text{ と } q \text{ が隣接する場合}) \\ &H_{pq} = 0 \; (p \neq q \text{ で原子 } p \text{ と } q \text{ が隣接しない場合}) \end{aligned}} \tag{4.29}$$

とする．α と β はそれぞれ，**クーロン積分** (Coulomb integral) と**共鳴積分** (resonance integral) と呼ばれる．これらの二つの積分は，両方ともマイナスの値である．クーロン積分と共鳴積分は，二つの炭素間の距離によらず一定のパラメータである．隣接していない炭素間の相互作用は無視する．また，重なり積分 S_{pq} は単位行列として近似する．式で書くと，

$$\boxed{\begin{aligned} &S_{pq} = 1 \; (p = q \text{ の場合}) \\ &S_{pq} = 0 \; (p \neq q \text{ の場合}) \end{aligned}} \tag{4.30}$$

である．このようにヒュッケル法では多くの大胆な近似を導入する．それにもかかわらず，ヒュッケル法を解くことでさまざまな有用な情報を引き出すことが可能である．

実際に解いてみるほうがわかりやすい．ヒュッケル法を使って，エチレンの電子状態を決定してみよう．エチレンは，二つの π 電子をもつ最も単純な共役炭素分子である．分子軌道は，二つの π 原子軌道の線形結合

$$\phi = C_1\chi_1 + C_2\chi_2 \tag{4.31}$$

で表される．変分法から得られた式 (4.28) の永年方程式に対し，式 (4.29) と式 (4.30) のヒュッケル近似を使うと，

$$\begin{vmatrix} \alpha-\varepsilon & \beta \\ \beta & \alpha-\varepsilon \end{vmatrix} = 0 \tag{4.32}$$

となる．このまま解いてもいいが，

$$\lambda = \frac{\alpha-\varepsilon}{\beta} \tag{4.33}$$

とおくと見通しがいい．永年方程式は，

$$\begin{vmatrix} \lambda & 1 \\ 1 & \lambda \end{vmatrix} = 0 \tag{4.34}$$

のように書くことができる．式 (4.34) の行列式を展開すると，

$$\lambda^2 - 1 = 0 \tag{4.35}$$

である．行列式の計算の仕方に関しては，9.2.5 項に詳しく示してある．式 (4.35) を解くと，永年方程式の解は，

$$\lambda = \pm 1 \tag{4.36}$$

となる．軌道係数を決めるためには，変分条件から得られる式

$$\lambda C_1 + C_2 = 0 \tag{4.37}$$

$$C_1 + \lambda C_2 = 0 \tag{4.38}$$

と規格直交条件

$$C_1^2 + C_2^2 = 1 \tag{4.39}$$

を使う．結局，エチレンの分子軌道と軌道エネルギーは，

$$\phi_1 = \frac{1}{\sqrt{2}}\chi_1 + \frac{1}{\sqrt{2}}\chi_2, \quad \varepsilon_1 = \alpha + \beta \tag{4.40}$$

4.4 ヒュッケル分子軌道法

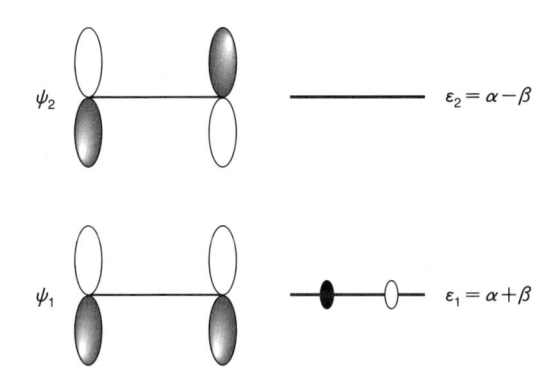

図 4.2 エチレンの分子軌道と軌道エネルギー

$$\phi_2 = \frac{1}{\sqrt{2}}\chi_1 - \frac{1}{\sqrt{2}}\chi_2, \quad \varepsilon_2 = \alpha - \beta \tag{4.41}$$

となる．これらを図示すると**図4.2**のようになる．軌道係数の符号（＋，－）に対応して，図では白と黒で表してある．クーロン積分 α と共鳴積分 β はマイナスの値であるので，ϕ_1 のほうが低い軌道エネルギーをもつことになる．二つの π 電子は ϕ_1 に収容される．エチレンの π 電子エネルギーは，式 (4.20) から，

$$E_\pi = 2\varepsilon_1 = 2\alpha + 2\beta \tag{4.42}$$

である．

次に，1,3-ブタジエンをヒュッケル法で解いてみよう．1,3-ブタジエンは四つの π 電子をもつ．各炭素原子に**図4.3**のように番号を振り，分子軌道係数もそれに対応させておく．分子軌道は四つの π 原子軌道の線形結合で表される．

$$\phi = C_1\chi_1 + C_2\chi_2 + C_3\chi_3 + C_4\chi_4 \tag{4.43}$$

永年方程式は，

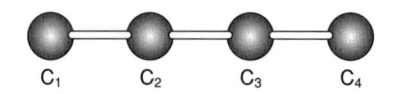

図 4.3 1,3-ブタジエン

$$\begin{vmatrix} \lambda & 1 & 0 & 0 \\ 1 & \lambda & 1 & 0 \\ 0 & 1 & \lambda & 1 \\ 0 & 0 & 1 & \lambda \end{vmatrix} = 0 \tag{4.44}$$

である. 行列式を展開すると,

$$\lambda^4 - 3\lambda^2 + 1 = 0 \tag{4.45}$$

となる. この永年方程式の解は,

$$\lambda = \frac{\sqrt{5}+1}{2}, \frac{\sqrt{5}-1}{2}, -\frac{\sqrt{5}-1}{2}, -\frac{\sqrt{5}+1}{2} \tag{4.46}$$

である. 分子軌道係数は,

$$\lambda C_1 + C_2 = 0 \tag{4.47}$$
$$C_1 + \lambda C_2 + C_3 = 0 \tag{4.48}$$
$$C_2 + \lambda C_3 + C_4 = 0 \tag{4.49}$$
$$C_3 + \lambda C_4 = 0 \tag{4.50}$$

と規格直交条件

$$C_1^2 + C_2^2 + C_3^2 + C_4^2 = 1 \tag{4.51}$$

から得られる. 1,3-ブタジエンの分子軌道は, エネルギーが低いほうから,

$$\phi_1 = 0.3717\chi_1 + 0.6015\chi_2 + 0.6015\chi_3 + 0.3717\chi_4 \quad (\varepsilon_1 = \alpha + 1.618\beta) \tag{4.52}$$

$$\phi_2 = 0.6015\chi_1 + 0.3717\chi_2 - 0.3717\chi_3 - 0.6015\chi_4 \quad (\varepsilon_2 = \alpha + 0.618\beta) \tag{4.53}$$

$$\phi_3 = 0.6015\chi_1 - 0.3717\chi_2 - 0.3717\chi_3 + 0.6015\chi_4 \quad (\varepsilon_3 = \alpha - 0.618\beta)$$
(4.54)
$$\phi_4 = 0.3717\chi_1 - 0.6015\chi_2 + 0.6015\chi_3 - 0.3717\chi_4 \quad (\varepsilon_4 = \alpha - 1.618\beta)$$
(4.55)

となる(図4.4).四つのπ電子はϕ_1とϕ_2に二つずつ入ることになる.結局,1,3-ブタジエンのπ電子エネルギーは,

$$E_\pi = 2\varepsilon_1 + 2\varepsilon_2 = 4\alpha + 4.472\beta \quad (4.56)$$

である.1,3-ブタジエンには*cis*型と*trans*型の二つの形が存在する.ヒュッケル法では,隣接していない原子間の相互作用は無視するので,両者を区別することはできない.ヒュッケル法の欠点である.

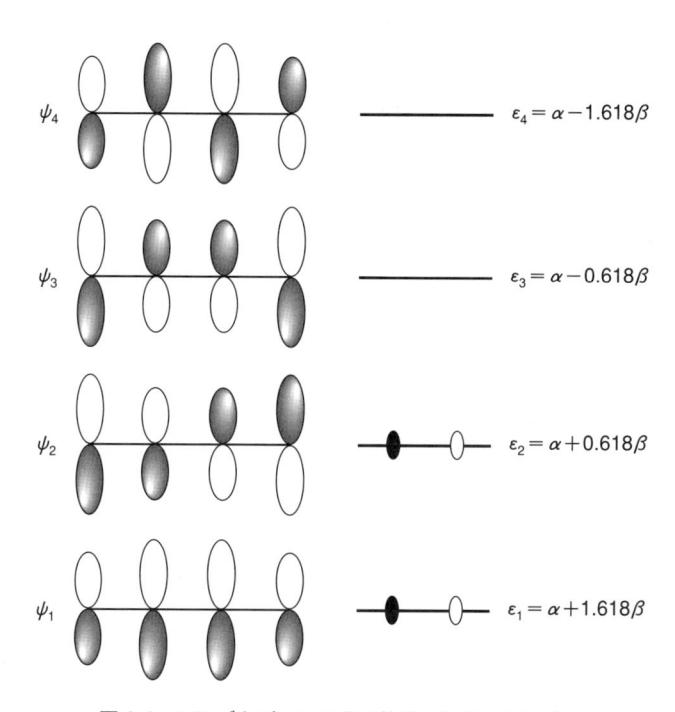

図4.4 1,3-ブタジエンの分子軌道と軌道エネルギー

1,3-ブタジエンの2番目と3番目の炭素原子間の共鳴積分を0にしてみよう．このときの永年方程式は，

$$\begin{vmatrix} \lambda & 1 & 0 & 0 \\ 1 & \lambda & 0 & 0 \\ 0 & 0 & \lambda & 1 \\ 0 & 0 & 1 & \lambda \end{vmatrix} = 2 \begin{vmatrix} \lambda & 1 \\ 1 & \lambda \end{vmatrix} = 0 \qquad (4.57)$$

となる．二つのエチレンを別々にヒュッケル法で計算したことに対応する．このときのπ電子エネルギーは，エチレンのπ電子エネルギーの2倍であるから，$4\alpha+4\beta$ である．1,3-ブタジエンのπ電子エネルギーは $4\alpha+4.472\beta$ であったから，中央の炭素原子間の共鳴積分を考慮することで，$0.472|\beta|$ の安定化が得られることになる．この安定化エネルギーのことを**非局在化エネルギー**（delocalization energy）という．

4.5 電子密度と結合次数

分子軌道法で得られた結果を解析するため，**電子密度**（electron density）と**結合次数**（bond order）を導入しておこう．ヒュッケル法では，電子密度 q_r と結合次数 p_{rs} は軌道係数を用いて，

$$q_r = \sum_i^n n_i (C_{ri})^2 \qquad (4.58)$$

$$p_{rs} = \sum_i^n n_i C_{ri} C_{si} \qquad (4.59)$$

のようにそれぞれ定義される．

エチレンを例にして，電子密度と結合次数を計算してみよう．ヒュッケル法によって得られたエチレンの分子軌道係数を使って，二つの炭素原子の電子密度は，

$$q_1 = 2(C_{11})^2 = 2\left(\frac{1}{\sqrt{2}}\right)^2 = 1 \qquad (4.60)$$

$$q_2 = 2(C_{21})^2 = 2\left(\frac{1}{\sqrt{2}}\right)^2 = 1 \qquad (4.61)$$

となり，両方とも1である．炭素原子間の結合次数は，

$$p_{12} = 2C_{11}C_{21} = 2\left(\frac{1}{\sqrt{2}}\right)\left(\frac{1}{\sqrt{2}}\right) = 1 \qquad (4.62)$$

であり，こちらも1である．

次に，1,3-ブタジエンの電子密度と結合次数を計算してみよう．図4.3の1番目の炭素原子の電子密度は，

$$q_1 = 2(C_{11})^2 + 2(C_{12})^2 = 2(0.3717)^2 + 2(0.6015)^2 = 1 \qquad (4.63)$$

となる．同じように，2番目の炭素原子の電子密度も

$$q_2 = 2(C_{21})^2 + 2(C_{22})^2 = 2(0.6015)^2 + 2(0.3717)^2 = 1 \qquad (4.64)$$

である．対称性から，3番目と4番目の炭素原子の電子密度も1であることがわかる．すべての炭素原子上にπ電子が均等に分布している．エチレンの場合も電子密度はすべての炭素原子上で1であった．これは**交互炭化水素**(alternative hydrocarbon) において一般にいえることである．**クールソン-ラシュブルック**(Coulson-Rushbrooke) **の定理**である．交互炭化水素とは，奇数員環をもたない共役炭化水素である．この場合，共役炭化水素中の炭素原子に対し一つおきにラベルをつけることができるため，そのように呼ばれる．次に，1番目と2番目の炭素原子間の結合次数を求めよう．

$$p_{12} = 2C_{11}C_{21} + 2C_{12}C_{22}$$
$$= 2(0.3717)(0.6015) + 2(0.6015)(0.3717) = 0.8943 \qquad (4.65)$$

対称性から，3番目と4番目の炭素原子間の結合次数p_{34}も$p_{34} = 0.8943$である．2番目と3番目の炭素原子間の結合次数は，

$$p_{23} = 2C_{21}C_{31} + 2C_{22}C_{32}$$
$$= 2(0.6015)(0.6015) + 2(0.3717)(-0.3717) = 0.4473 \qquad (4.66)$$

となる.結合次数の大きさから,結合の強さがわかる.1,3-ブタジエンの中央の炭素－炭素結合は,二つの外側の結合よりも結合が弱まっている.同じように,1番目と4番目の炭素原子間の結合次数を計算してみよう.

$p_{14} = 2C_{11}C_{41} + 2C_{12}C_{42}$
$= 2(0.3717)(0.3717) + 2(0.6015)(-0.6015) = -0.4473$ (4.67)

符号がマイナスである.プラスの結合次数は結合を形成していることを表し,マイナスは結合を作っていないことを表す.1番目と4番目の炭素間には結合は存在しない.

1,3-ブタジエンの2番目と3番目の炭素原子間の共鳴積分を0にしてみよう.1番目と2番目(3番目と4番目)の炭素原子間の結合次数は,エチレンの場合と同じになり,1である.また,2番目と3番目の炭素原子間の結合次数は0である.1,3-ブタジエンの外側と中央の結合次数はそれぞれ $p_{12} = 0.8943$ と $p_{23} = 0.4473$ であった.ブタジエンになることで,外側の結合は弱まり,中央の結合は強まっている.1,3-ブタジエン分子の全体に π 電子が非局在化するためである.

分子の対称性

ホルムアルデヒド分子は C_{2v} 対称性と呼ばれる点群に属している(図4.1参照).分子は何らかの対称操作によって元の配置と同じになる.例えば,ある面に関して鏡映させたり,ある軸に関して適当な角度だけ回転させたりすることで,もとと同じ形にすることができる.ホルムアルデヒドでは,そのような対称操作が四つある.一つは恒等操作で,これは鏡映させたり回転させたりせず何もしない操作に対応する.この対称操作はどんな形の分子でも可能である.対称操作が恒等操作しかない分子は C_1 対称性に属するという.ホルムアルデヒドではそのほかに,回転軸のまわりに $2\pi/n$ $(n=2)$ だけ回転させると元に戻る C_2 回転操作が一つと,ある面に関して反射させると元に戻る面操作が二つ存在する.同じ対称操作によって,元の配置と同じ

になる分子は同じ点群に属する．例えば，水（H_2O）分子もホルムアルデヒドと同じ C_{2v} 対称性である．ある点群は決まった既約表現を有する．C_{2v} では，A_1, A_2, B_1, B_2 である．A と B，1 と 2 の違いは，ある対称操作によって対称になるか反対称になるかで決められている．分子軌道や第 1 章のコラムで説明した基準振動も，分子の属する対称性を使って分類することができる．分子軌道の場合は，慣例に従って既約表現を a_1, a_2, b_1, b_2 のように小文字で表す．

このコラムでは簡単に対称性を説明したが，詳しくは例えば参考文献[4]を参考にされたい．

演習問題

[1] 2 電子系のスピン関数として次の四つを考えよう．

$$\Gamma_1 = \alpha(1)\alpha(2)$$
$$\Gamma_2 = \frac{1}{\sqrt{2}}[\alpha(1)\beta(2) + \beta(1)\alpha(2)]$$
$$\Gamma_3 = \frac{1}{\sqrt{2}}[\alpha(1)\beta(2) - \beta(1)\alpha(2)]$$
$$\Gamma_4 = \beta(1)\beta(2)$$

それぞれスピン関数に対し，合成スピン角運動量演算子 $\hat{S}^2$ を作用させて固有値を求めることで，スピン多重度を決定せよ．

合成スピン角運動量演算子 $\hat{S}^2$ は，各電子に対するスピン角運動量演算子 $\hat{s}^2$ の和

$$\hat{S}^2 = \sum_i \hat{s}^2(i)$$

で定義される．$\hat{s}^2$ は昇位演算子 $\hat{s}^+$ と降位演算子 $\hat{s}^-$ を使って，

$$\hat{s}^2 = \hat{s}_x^2 + \hat{s}_y^2 + \hat{s}_z^2 = \hat{s}^-\hat{s}^+ + \hat{s}_z + \hat{s}_z^2 = \hat{s}^+\hat{s}^- - \hat{s}_z + \hat{s}_z^2$$
$$= \frac{1}{2}(\hat{s}^+\hat{s}^- + \hat{s}^-\hat{s}^+) + \hat{s}_z^2$$

となる．昇位演算子 $\hat{s}^+$ と降位演算子 $\hat{s}^-$ は，

で定義され，昇降演算子を利用すると，原子単位系で，
$$\hat{s}^+(i)\alpha(i) = 0, \quad \hat{s}^+(i)\beta(i) = \alpha(i)$$
$$\hat{s}^-(i)\alpha(i) = \beta(i), \quad \hat{s}^-(i)\beta(i) = 0$$
である．また，スピン角運動量演算子の各成分をスピンに作用させると，
$$\hat{s}_x(i)\alpha(i) = \frac{1}{2}\beta(i), \quad \hat{s}_x(i)\beta(i) = \frac{1}{2}\alpha(i)$$
$$\hat{s}_y(i)\alpha(i) = \frac{i}{2}\beta(i), \quad \hat{s}_y(i)\beta(i) = -\frac{i}{2}\alpha(i)$$
$$\hat{s}_z(i)\alpha(i) = \frac{1}{2}\alpha(i), \quad \hat{s}_z(i)\beta(i) = -\frac{1}{2}\beta(i)$$
である．

[2] ヒュッケル法を用いてアリルラジカルを計算してみよう．

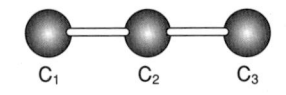

(1) 図1で与えた直線型アリルラジカルの永年方程式を示せ．

図1 直線型アリルラジカル

(2) 直線型アリルラジカルの軌道エネルギーを低い順にすべて求めよ．また，全π電子エネルギーを計算せよ．

[3] ヒュッケル法において，アリルラジカルの C_1-C_3 間の結合をあらわに考慮してみよう．図2のような屈曲型アリルラジカルを考える．C_1-C_2-C_3 の角度を θ ($60° \leq \theta \leq 180°$) とし，角度によって炭素間距離 C_1-C_2 と C_2-C_3 は変化しないとする．また，クーロン積分 α も角度によって変化せず一定で，共鳴積分は炭素間距離のみに依存して単純に反比例すると仮定する．

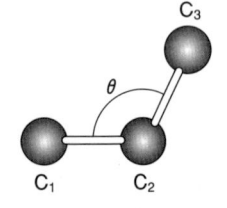

図2 屈曲型アリルラジカル

(1) C_1 と C_3 の結合をあらわに考慮することにより，電子準位エネルギーを ε としたときのアリルラジカルの永年方程式を示せ．

(2) 軌道エネルギーを低い順にすべて求めよ．また，θ を用いてアリルラジカルの全 π 電子エネルギーを表せ．

[4] エチレンやブタジエンのような直鎖状ポリエンに対してヒュッケル法の一般解を求めてみよう．図3のようにラベルをふっておく．

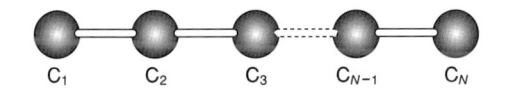

図3 直鎖状ポリエン

(1) 直鎖状ポリエンに対し，分子軌道係数を決定する連立方程式を $\lambda = (\alpha - \varepsilon)/\beta$ を使って書き下せ．
(2) 分子軌道係数の形が，$C_k = A \sin k\theta$（A は定数）であると仮定して，λ の満たすべき条件を θ を使って表せ．
(3) θ の満たすべき条件を決定することで，軌道エネルギーの一般解を求めよ．

[5] 今度は，ベンゼンのような環状ポリエンに対するヒュッケル法の一般解を求めてみよう．図4のようにラベルをつけておく．
(1) 分子軌道係数を決定する連立方程式を $\lambda = (\alpha - \varepsilon)/\beta$ を使って書き下せ．
(2) 分子軌道係数の形が，$C_k = A \exp(k\theta)$（A は定数）であると仮定して，λ の満たすべき条件を θ を使って表せ．

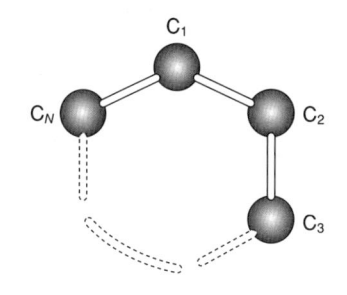

図4 環状ポリエン

(3) θ の満たすべき条件を決定することで，軌道エネルギーの一般解を求めよ．

[6] ヒュッケル法で得られる π 電子エネルギーを，式 (4.58) と式 (4.59) の電子密度 q_r と結合次数 p_{rs} を使って表せ．

[7] ホフマン（Hoffmann）により提案された**拡張ヒュッケル法**（extended Hückel theory）では，π 電子以外に σ 電子も同時に取り扱う．炭素原子以外の原

子も取り扱うことができる．この拡張ヒュッケル法という名前に対比させて，これまで勉強してきたヒュッケル法のことを**単純ヒュッケル法** (simple Hückel theory) と呼ぶこともある．解くべき行列方程式は式 (4.25) である．単純ヒュッケル法との違いは，ハミルトニアン行列 H と重なり行列 S をどう近似するかにある．拡張ヒュッケル法では，H_{pq} の対角項 H_{pp} を原子の軌道 χ_p からのイオン化ポテンシャル I_p の符号をかえたもので近似する．H_{pq} の非対角項は，対角項と重なり積分 S_{pq} を使って，

$$H_{pq} = \frac{1}{2} K S_{pq} (H_{pp} + H_{qq})$$

というふうに通常は近似する．K はパラメータである．単純ヒュッケル法では重なり行列 S を単位行列とした．それに対し，拡張ヒュッケル法では重なり行列 S に対し一切近似しない．原子軌道 χ_p を解析的な関数で表現しておいて，重なり積分を解析的な計算から評価する．これで H と S のすべての要素がわかった．あとは，これらの要素の値を式 (4.25) に代入して，一般化行列問題を解くことで，係数行列 C と軌道エネルギーを要素とする対角行列 ε とを決定する．

　拡張ヒュッケル法を使って，フッ化水素 (HF) 分子を計算することを考えてみよう．原子軌道 χ_p としては，フッ素原子の $2s, 2p_x, 2p_y, 2p_z$ 軌道と水素原子の $1s$ 軌道を使う．これらを順に $\chi_1, \chi_2, \chi_3, \chi_4, \chi_5$ とラベルをふっておく．各々の原子軌道は規格化されているとする．また，結合軸は z 軸であるとしておこう．このとき，解くべき行列方程式をイオン化ポテンシャル I_p と重なり積分 S_{pq} を使って具体的に表せ．

第5章 ハートリー–フォック法

現在の分子計算の基礎をなしているのはハートリー–フォック法である．ボルン–オッペンハイマー近似，分子軌道の概念，行列式波動関数といった近似を導入することで，一つの電子だけに着目したハートリー–フォック方程式と呼ばれる方程式が導かれる．ハートリー–フォック法では，厳密に解くことのできない多粒子系のシュレーディンガー方程式を1電子の問題に置きかえて解くことになる．この章では，ハートリー–フォック法について詳しく説明していこう．

5.1 ハートリー–フォック法

ハートリー–フォック法の詳細や導出は後回しにして，まず，ハートリー–フォック法がどのようなものか見ておこう．**ハートリー–フォック法** (Hartree-Fock method) は，一つの電子に着目して，その電子は原子核と他の電子の作る平均場の中を運動しているという描像をもっている．**独立粒子モデル** (independent particle model) と呼ばれる考え方である．ボルン–オッペンハイマー近似と分子軌道の概念の二つの近似を導入して，多粒子の問題であるシュレーディンガー方程式を1電子の問題に置きかえるところまでは，前章で勉強した分子軌道法と共通である．ハートリー–フォック法では，さらに波動関数がパウリの原理を満たすように，スレーター行列式という行列式を波動関数として用いる．ハートリー–フォック方程式がシュレーディンガー方程式からどのようにして導出されるかを図5.1に示しておいた．

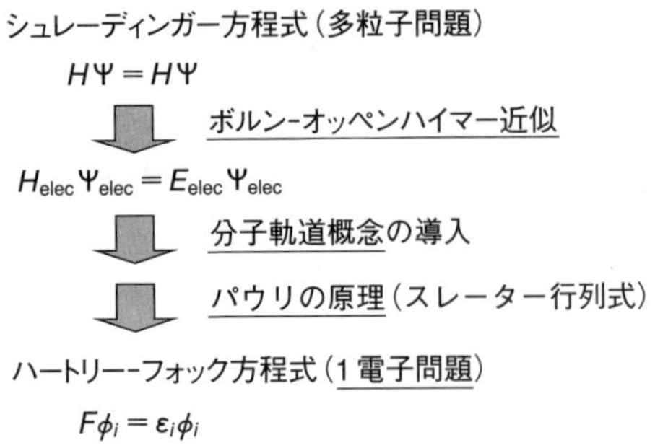

```
            シュレーディンガー方程式（多粒子問題）
                    HΨ = HΨ
                      ⇓    ボルン-オッペンハイマー近似
            $H_{elec}\Psi_{elec} = E_{elec}\Psi_{elec}$
                      ⇓    分子軌道概念の導入
                      ⇓    パウリの原理（スレーター行列式）
            ハートリー-フォック方程式（1 電子問題）
                    $F\phi_i = \varepsilon_i \phi_i$
```

図 5.1 ハートリー-フォック方程式の導出の流れ

ハートリー-フォック法では経験的なパラメータを用いない．そこで，ハートリー-フォック法に基づいた分子軌道法のことを**非経験的**（non-empirical）**分子軌道法**とか *ab initio* **分子軌道法**と呼ぶ．"*ab initio*" とは，ラテン語で「はじめから」という意味である．ハートリー-フォック法は現在の分子軌道法計算の基礎をなしている．

5.2　パウリの排他原理

波動関数 Ψ は**パウリの排他原理**（Pauli exclusion principle）を満たさなければならない．パウリの排他原理は単に**パウリの原理**とも呼ばれる．二つの電子の座標を交換すれば，波動関数の符号がかわるというものである．このことを，電子の交換に関して波動関数が**反対称**（anti-symmetry）であるという．電子が**フェルミ**（Fermi）**粒子**であることに由来する．パウリの原理を式で書くと，

$$\hat{P}_{ij}\Psi = -\Psi \quad (5.1)$$

となる．$\hat{P}_{ij}$ は，i 番目と j 番目の粒子の座標を交換するという置換演算子である．ちなみに**ボース**（Bose）**粒子**という粒子もあって，こちらは二つの粒子の交換に対して，波動関数の符号がかわらない粒子である．化学では主に

5.2 パウリの排他原理

フェルミ粒子である電子を取り扱うので，本書ではこれ以上ボース粒子に関して言及しない．

n 電子系の波動関数を考えよう．まず，n 個の分子軌道 φ_i の積として近似した次の形の波動関数 Ψ_0 を考えてみる．

$$\Psi_0(\tau_1, \tau_2, \cdots, \tau_n) = \varphi_1(\tau_1)\,\varphi_2(\tau_2)\cdots\varphi_n(\tau_n) \tag{5.2}$$

この形を**ハートリー積**という．ヒュッケル法で用いた波動関数の形である．τ_i は電子の位置座標 $\mathbf{r}_i = (x_i, y_i, z_i)$ とスピン座標 ω_i をあわせた座標を表す．式 (5.2) において電子の座標 1 と座標 2 を入れかえると，

$$\Psi_0(\tau_2, \tau_1, \cdots, \tau_n) = \varphi_1(\tau_2)\,\varphi_2(\tau_1)\cdots\varphi_n(\tau_n) \tag{5.3}$$

である．電子は区別できないから，

$$\Psi_0(\tau_2, \tau_1, \cdots, \tau_n) = \Psi_0(\tau_1, \tau_2, \cdots, \tau_n) \tag{5.4}$$

となって，波動関数の符号はかわらない．任意の二つの座標の交換に関しても同様である．波動関数をハートリー積で近似する限り，パウリの原理を満たすことはできない．

それでは，パウリの原理を満たす波動関数を作るにはどうすればいいのだろうか．一般に，行列式の任意の二つの行（あるいは列）を入れかえると行列式の符号がかわる (9.2.6 項参照)．スレーター (Slater) は，この行列式の性質に着目して，波動関数を行列式で表すことを考えた．行列式で表された波動関数は自動的に反対称化されていることになる．この行列式波動関数のことを**スレーター行列式** (Slater determinant) と呼ぶ．

n 電子系のスレーター行列式は，i 番目の電子が入る j 番目のスピン軌道 $\varphi_j(\tau_i)$ を使って，

$$\Psi = \frac{1}{\sqrt{n!}} \begin{vmatrix} \varphi_1(\tau_1) & \varphi_2(\tau_1) & \cdots & \varphi_n(\tau_1) \\ \varphi_1(\tau_2) & \varphi_2(\tau_2) & \cdots & \varphi_n(\tau_2) \\ \vdots & \vdots & \ddots & \vdots \\ \varphi_1(\tau_n) & \varphi_2(\tau_n) & \cdots & \varphi_n(\tau_n) \end{vmatrix} \tag{5.5}$$

のように表される．$1/\sqrt{n!}$ は規格化定数である．行列式の行が電子座標を表し，列がスピン軌道を表す．行列式の定義から，行と列を入れかえても同じ行列式を表すので，

$$\Psi = \frac{1}{\sqrt{n!}} \begin{vmatrix} \varphi_1(\tau_1) & \varphi_1(\tau_2) & \cdots & \varphi_1(\tau_n) \\ \varphi_2(\tau_1) & \varphi_2(\tau_2) & \cdots & \varphi_2(\tau_n) \\ \vdots & \vdots & \ddots & \vdots \\ \varphi_n(\tau_1) & \varphi_n(\tau_2) & \cdots & \varphi_n(\tau_n) \end{vmatrix} \tag{5.6}$$

と書いても同じである（9.2.6項参照）．

行列式を余因子展開（9.2.5項参照）していくとわかるように，スレーター行列式 Ψ は，ハートリー積 Ψ_0 と反対称化演算子 $\hat{A}$ を使って，

$$\Psi = \sqrt{n!}\,\hat{A}\,\Psi_0 \tag{5.7}$$

のように表現することができる．反対称化演算子 $\hat{A}$ は，置換演算子 $\hat{P}$ を使って，

$$\hat{A} = \frac{1}{n!} \sum_{P}^{n!} (-1)^P \hat{P} \tag{5.8}$$

で定義される．$(-1)^P$ の右肩の P は置換の回数を表す．つまり，$(-1)^P$ は奇置換では -1，偶置換では $+1$ となる．反対称化演算子 $\hat{A}$ は，エルミート演算子であり，また，射影演算子でもある．射影演算子の性質から，反対称化演算子 $\hat{A}$ は，**べき等元** (idempotent)

$$\hat{A}^2 = \hat{A} \tag{5.9}$$

の性質をもつ．

二つの電子はクーロン反発によって同じ位置を占めることができない．スレーター行列式で表された波動関数は，部分的にこの性質を満たしている．スレーター行列式を使うと，同じ向きのスピンをもつ電子は同じ軌道を占めることができない．これは，行列式の中に同じ成分をもつ行（あるいは列）が二つあれば，行列式の性質から値が0になるためである（9.2.6項参照）．しかしながら，反対スピンをもつ電子は，同じ軌道を占めることが可能になっ

てしまう．ハートリー-フォック法の欠点の一つである．

5.3 行列式波動関数に対するエネルギー

ハートリー-フォック方程式は変分法から得られる．スレーター行列式を波動関数として使ったときのエネルギー期待値を軌道関数に関して最小化すればいい．そこで，ハートリー-フォック方程式を導出する前に，行列式波動関数に対するエネルギーの表式を導いておこう．

電子に関するシュレーディンガー方程式

$$\hat{H}\Psi = E\Psi \tag{5.10}$$

から，電子エネルギーは，ハミルトン演算子の期待値

$$E = \langle \Psi | \hat{H} | \Psi \rangle \tag{5.11}$$

として与えられる．波動関数 Ψ は規格化されているとしている．電子ハミルトン演算子は，4.1 節で与えたように，

$$\hat{H} = \sum_i^n \left(-\frac{\nabla_i^2}{2} \right) - \sum_i^n \sum_A^{N_\mathrm{n}} \frac{Z_A}{r_{iA}} + \sum_{i<j}^n \frac{1}{r_{ij}} + \sum_{A<B}^{N_\mathrm{n}} \frac{Z_A Z_B}{R_{AB}} \tag{5.12}$$

である．電子ハミルトン演算子は，1 電子項，2 電子項，0 電子項からなっている．式 (5.12) の第 1 項と第 2 項が 1 電子項，第 3 項が 2 電子項，最後の項が 0 電子項である．形式的に電子ハミルトン演算子を

$$\hat{H} = \sum_i^n \hat{h}_i + \sum_{i<j}^n \hat{g}_{ij} + \hat{R} \tag{5.13}$$

と書いておこう．

$$\hat{h}_i = -\frac{\nabla_i^2}{2} - \sum_A^{N_\mathrm{n}} \frac{Z_A}{r_{iA}} \tag{5.14}$$

$$\hat{g}_{ij} = \frac{1}{r_{ij}} \tag{5.15}$$

$$\hat{R} = \sum_{A<B}^{N_\mathrm{n}} \frac{Z_A Z_B}{R_{AB}} \tag{5.16}$$

である.

まず,0電子項の期待値 E_0 を求めてみよう.

$$E_0 = \langle \Psi | \hat{R} | \Psi \rangle \tag{5.17}$$

$\hat{R}$ は電子によらないので,この項は,

$$\begin{aligned} E_0 &= \sum_{A<B}^{N_\mathrm{n}} \frac{Z_A Z_B}{R_{AB}} \langle \Psi | \Psi \rangle \\ &= \sum_{A<B}^{N_\mathrm{n}} \frac{Z_A Z_B}{R_{AB}} \end{aligned} \tag{5.18}$$

のように定数になる.

1電子項と2電子項の期待値の一般の形を求める前に,2電子系の原子である He の場合を具体的に考えてみよう.二つの電子は二つのスピン軌道 φ_1 と φ_2 を占める.電子ハミルトン演算子は,

$$\hat{H} = \hat{h}_1 + \hat{h}_2 + \hat{g}_{12} \tag{5.19}$$

である.この系の波動関数は,スレーター行列式を使って,

$$\Psi = \frac{1}{\sqrt{2}} \begin{vmatrix} \varphi_1(1) & \varphi_2(1) \\ \varphi_1(2) & \varphi_2(2) \end{vmatrix} \tag{5.20}$$

で表される.行列式をあらわに展開すると,

$$\Psi = \frac{1}{\sqrt{2}} [\, \varphi_1(1)\varphi_2(2) - \varphi_1(2)\varphi_2(1) \,] \tag{5.21}$$

となる.このときのエネルギー期待値 E は,

5.3 行列式波動関数に対するエネルギー

$$E = \langle \Psi | \hat{H} | \Psi \rangle$$

$$= \frac{1}{2} \langle \varphi_1(1)\,\varphi_2(2) - \varphi_1(2)\,\varphi_2(1) | \hat{h}_1 + \hat{h}_2 + \hat{g}_{12} | \varphi_1(1)\,\varphi_2(2) - \varphi_1(2)\,\varphi_2(1) \rangle$$

$$= \frac{1}{2} \langle \varphi_1(1)\,\varphi_2(2) | \hat{h}_1 | \varphi_1(1)\,\varphi_2(2) \rangle - \frac{1}{2} \langle \varphi_1(1)\,\varphi_2(2) | \hat{h}_1 | \varphi_1(2)\,\varphi_2(1) \rangle$$

$$- \frac{1}{2} \langle \varphi_1(2)\,\varphi_2(1) | \hat{h}_1 | \varphi_1(1)\,\varphi_2(2) \rangle + \frac{1}{2} \langle \varphi_1(2)\,\varphi_2(1) | \hat{h}_1 | \varphi_1(2)\,\varphi_2(1) \rangle$$

$$+ \frac{1}{2} \langle \varphi_1(1)\,\varphi_2(2) | \hat{h}_2 | \varphi_1(1)\,\varphi_2(2) \rangle - \frac{1}{2} \langle \varphi_1(1)\,\varphi_2(2) | \hat{h}_2 | \varphi_1(2)\,\varphi_2(1) \rangle$$

$$- \frac{1}{2} \langle \varphi_1(2)\,\varphi_2(1) | \hat{h}_2 | \varphi_1(1)\,\varphi_2(2) \rangle + \frac{1}{2} \langle \varphi_1(2)\,\varphi_2(1) | \hat{h}_2 | \varphi_1(2)\,\varphi_2(1) \rangle$$

$$+ \frac{1}{2} \langle \varphi_1(1)\,\varphi_2(2) | \hat{g}_{12} | \varphi_1(1)\,\varphi_2(2) \rangle - \frac{1}{2} \langle \varphi_1(1)\,\varphi_2(2) | \hat{g}_{12} | \varphi_1(2)\,\varphi_2(1) \rangle$$

$$- \frac{1}{2} \langle \varphi_1(2)\,\varphi_2(1) | \hat{g}_{12} | \varphi_1(1)\,\varphi_2(2) \rangle + \frac{1}{2} \langle \varphi_1(2)\,\varphi_2(1) | \hat{g}_{12} | \varphi_1(2)\,\varphi_2(1) \rangle$$

$$(5.22)$$

である．$\hat{h}_1$ に依存する最初の4項を考えてみよう．$\hat{h}_1$ は，電子1に関する演算子なので，

$$\frac{1}{2} \langle \varphi_1(1) | \hat{h}_1 | \varphi_1(1) \rangle \langle \varphi_2(2) | \varphi_2(2) \rangle - \frac{1}{2} \langle \varphi_1(1) | \hat{h}_1 | \varphi_2(1) \rangle \langle \varphi_2(2) | \varphi_1(2) \rangle$$

$$- \frac{1}{2} \langle \varphi_2(1) | \hat{h}_1 | \varphi_1(1) \rangle \langle \varphi_1(2) | \varphi_2(2) \rangle + \frac{1}{2} \langle \varphi_2(1) | \hat{h}_1 | \varphi_2(1) \rangle \langle \varphi_1(2) | \varphi_1(2) \rangle$$

$$(5.23)$$

となる．分子軌道の規格直交性

$$\begin{aligned} \langle \varphi_1 | \varphi_1 \rangle = \langle \varphi_2 | \varphi_2 \rangle = 1 \\ \langle \varphi_1 | \varphi_2 \rangle = \langle \varphi_2 | \varphi_1 \rangle = 0 \end{aligned} \quad (5.24)$$

を使うと，

$$\frac{1}{2} \langle \varphi_1(1) | \hat{h}_1 | \varphi_1(1) \rangle + \frac{1}{2} \langle \varphi_2(1) | \hat{h}_1 | \varphi_2(1) \rangle \quad (5.25)$$

である。$\hat{h}_2$ に依存する 4 項も同様にして，

$$\frac{1}{2}\langle\varphi_1(2)|\hat{h}_2|\varphi_1(2)\rangle + \frac{1}{2}\langle\varphi_2(2)|\hat{h}_2|\varphi_2(2)\rangle \tag{5.26}$$

となる。$\hat{h}_1$ と $\hat{h}_2$ の寄与をまとめると，

$$\frac{1}{2}\langle\varphi_1(1)|\hat{h}_1|\varphi_1(1)\rangle + \frac{1}{2}\langle\varphi_2(1)|\hat{h}_1|\varphi_2(1)\rangle$$
$$+ \frac{1}{2}\langle\varphi_1(2)|\hat{h}_2|\varphi_1(2)\rangle + \frac{1}{2}\langle\varphi_2(2)|\hat{h}_2|\varphi_2(2)\rangle \tag{5.27}$$

となるが，電子は区別できないので，

$$\frac{1}{2}\langle\varphi_1(1)|\hat{h}_1|\varphi_1(1)\rangle + \frac{1}{2}\langle\varphi_2(1)|\hat{h}_1|\varphi_2(1)\rangle$$
$$= \frac{1}{2}\langle\varphi_1(2)|\hat{h}_2|\varphi_1(2)\rangle + \frac{1}{2}\langle\varphi_2(2)|\hat{h}_2|\varphi_2(2)\rangle \tag{5.28}$$

であり，1 電子項 E_{1e} は，

$$E_{1e} = \langle\varphi_1(1)|\hat{h}_1|\varphi_1(1)\rangle + \langle\varphi_2(1)|\hat{h}_1|\varphi_2(1)\rangle \tag{5.29}$$

となる。$\hat{g}_{12}$ は，電子 1 と電子 2 の両方に依存する演算子であり，1 電子項のように電子 1 と電子 2 の関係する積分にわけることができない。このため，2 電子項 E_{2e} は，

$$E_{2e} = \frac{1}{2}\langle\varphi_1(1)\,\varphi_2(2)|\hat{g}_{12}|\varphi_1(1)\,\varphi_2(2)\rangle - \frac{1}{2}\langle\varphi_1(1)\,\varphi_2(2)|\hat{g}_{12}|\varphi_1(2)\,\varphi_2(1)\rangle$$
$$- \frac{1}{2}\langle\varphi_1(2)\,\varphi_2(1)|\hat{g}_{12}|\varphi_1(1)\,\varphi_2(2)\rangle + \frac{1}{2}\langle\varphi_1(2)\,\varphi_2(1)|\hat{g}_{12}|\varphi_1(2)\,\varphi_2(1)\rangle$$
$$\tag{5.30}$$

である。電子 1 と電子 2 は区別ができないので座標を交換することができることを使うと，もう少し簡単に書けて，

$$E_{2e} = \langle\varphi_1(1)\,\varphi_2(2)|\hat{g}_{12}|\varphi_1(1)\,\varphi_2(2)\rangle - \langle\varphi_1(1)\,\varphi_2(2)|\hat{g}_{12}|\varphi_1(2)\,\varphi_2(1)\rangle \tag{5.31}$$

5.3 行列式波動関数に対するエネルギー

となる. 結局, He のエネルギーは,

$$E = h_{11} + h_{22} + J_{12} - K_{12} \tag{5.32}$$

と書くことができる. ここで, 表記を簡単にするため, 1電子項に対し,

$$\begin{aligned} h_{ii} &= \int \varphi_i^*(1)\, \hat{h}_1 \varphi_i(1)\, d\tau_1 \\ &= \langle \varphi_i(1) | \hat{h}_1 | \varphi_i(1) \rangle \end{aligned} \tag{5.33}$$

と書いている. 2電子項に対しても, **クーロン積分** J_{ij} と, **交換積分** (exchange integral) K_{ij} と呼ばれる二つの積分を導入している. クーロン積分 J_{ij} と交換積分 K_{ij} は,

$$\boxed{\begin{aligned} J_{ij} &= \iint \varphi_i^*(1)\, \varphi_j^*(2)\, \frac{1}{r_{12}}\, \varphi_i(1)\, \varphi_j(2)\, d\tau_1 d\tau_2 \\ &= \langle \varphi_i(1)\, \varphi_j(2) | \hat{g}_{12} | \varphi_i(1)\, \varphi_j(2) \rangle \end{aligned}} \tag{5.34}$$

$$\boxed{\begin{aligned} K_{ij} &= \iint \varphi_i^*(1)\, \varphi_j^*(2)\, \frac{1}{r_{12}}\, \varphi_j(1)\, \varphi_i(2)\, d\tau_1 d\tau_2 \\ &= \langle \varphi_i(1)\, \varphi_j(2) | \hat{g}_{12} | \varphi_j(1)\, \varphi_i(2) \rangle \end{aligned}} \tag{5.35}$$

でそれぞれ定義される.

行列式波動関数に対するエネルギー期待値の求め方の感じがつかめたと思う. 今度は, 一般の n 電子系の場合のエネルギー期待値を導出してみよう. あらわにスレーター行列式を展開すると, 2電子系の場合でさえ, 全部で 12個の項が現れてしまう. もっと見通しのいい方法が必要である. ここでは, 二つの座標の交換に関して対称な演算子 $\hat{B}$ に対して,

$$\langle \Psi | \hat{B} | \Psi \rangle = \sum_P (-1)^P \langle \Psi_0 | \hat{B} | \hat{P} \Psi_0 \rangle \tag{5.36}$$

が成り立つことを使おう. Ψ_0 はハートリー積であり, 二つ必要だった置換演算子が一つで済むような式になっている. この式は次のようにして導出で

きる．式 (5.7) を使うと，
$$\langle \Psi | \hat{B} | \Psi \rangle = (N!) \langle \hat{A} \Psi_0 | \hat{B} | \hat{A} \Psi_0 \rangle \tag{5.37}$$
である．反対称化演算子 $\hat{A}$ はエルミート演算子であるので，適当な二つの関数 f と g に対して，
$$\langle f | \hat{A} | g \rangle = \langle \hat{A} f | g \rangle \tag{5.38}$$
が成り立つ．この関係を使うと，
$$\langle \Psi | \hat{B} | \Psi \rangle = (N!) \langle \Psi_0 | \hat{A} \hat{B} | \hat{A}^2 \Psi_0 \rangle \tag{5.39}$$
となる．$\hat{A}$ を右側にある項に作用させるとき，$\hat{B}$ と $\hat{A} \Psi_0$ の両方に作用することを注意しておく必要がある．$\hat{B}$ は二つの座標の交換に関して対称な演算子であるとしているので，$\hat{A}\hat{B} = \hat{B}$ である．また，反対称化演算子 $\hat{A}$ のべき等元性を使うと，
$$\langle \Psi | \hat{B} | \Psi \rangle = (N!) \langle \Psi_0 | \hat{B} | \hat{A} \Psi_0 \rangle \tag{5.40}$$
となる．式 (5.8) を代入すると，式 (5.36) が得られる．式 (5.36) の使い方に慣れるため，$\hat{B}$ が単位演算子である場合を考えてみよう．
$$\langle \Psi | \Psi \rangle = \sum_P (-1)^P \langle \Psi_0 | \hat{P} \Psi_0 \rangle \tag{5.41}$$
となる．右辺は，Ψ_0 と $\hat{P} \Psi_0$ が同じ場合以外，軌道関数の直交性から 0 である．結局，$\hat{P}$ が恒等変換の場合のみが残り，軌道の規格化条件を使うと，
$$\langle \Psi | \Psi \rangle = \langle \varphi_1 | \varphi_1 \rangle \cdot \langle \varphi_2 | \varphi_2 \rangle \cdots \langle \varphi_n | \varphi_n \rangle = 1 \cdot 1 \cdots 1 = 1 \tag{5.42}$$
となる．スレーター行列式で表されたハートリー-フォック波動関数 Ψ が規格化されていることが確かめられた．

これで一般の場合のエネルギー期待値を導出する準備ができた．まず，1 電子項の期待値 E_{1e} を求めてみよう．
$$E_{1e} = \left\langle \Psi \middle| \sum_i^n \hat{h}_i \middle| \Psi \right\rangle = \sum_P (-1)^P \left\langle \Psi_0 \middle| \sum_i^n \hat{h}_i \middle| \hat{P} \Psi_0 \right\rangle \tag{5.43}$$
この式は，Ψ_0 と $\hat{P} \Psi_0$ が同じになる場合以外は，軌道の直交条件から 0 とな

5.3 行列式波動関数に対するエネルギー

る. 結局,

$$E_{1e} = \sum_{i}^{n} \langle \varphi_i | \hat{h}_1 | \varphi_i \rangle \tag{5.44}$$

である. 次の記法

$$h_{ii} = \langle \varphi_i | \hat{h}_1 | \varphi_i \rangle \tag{5.45}$$

を導入すると,

$$E_{1e} = \sum_{i}^{n} h_{ii} \tag{5.46}$$

となる. 同様にして, 2電子項 E_{2e} を求めよう.

$$E_{2e} = \left\langle \Psi \left| \sum_{i<j}^{n} \hat{g}_{ij} \right| \Psi \right\rangle = \sum_{P} (-1)^{P} \left\langle \Psi_0 \left| \sum_{i<j}^{n} \hat{g}_{ij} \right| \hat{P} \Psi_0 \right\rangle \tag{5.47}$$

この式が 0 でないのは, $\hat{P}$ が恒等置換の場合と i と j を入れかえる場合なので,

$$E_{2e} = \sum_{i<j}^{n} \langle \varphi_i \varphi_j | \hat{g}_{12} | \varphi_i \varphi_j \rangle - \sum_{i<j}^{n} \langle \varphi_i \varphi_j | \hat{g}_{12} | \varphi_j \varphi_i \rangle$$

$$= \sum_{i<j}^{n} J_{ij} - \sum_{i<j}^{n} K_{ij} \tag{5.48}$$

となる. 式 (5.34) と式 (5.35) で定義したクーロン積分 J_{ij} と交換積分 K_{ij} を使っている. クーロン積分 J_{ij} と交換積分 K_{ij} の定義から,

$$J_{ji} = J_{ij} \tag{5.49}$$

$$K_{ji} = K_{ij} \tag{5.50}$$

であり, また,

$$J_{ii} = K_{ii} \tag{5.51}$$

なので, 2電子項の期待値 E_{2e} は和の制限をはずして,

$$E_{2e} = \frac{1}{2} \sum_{i,j}^{n} (J_{ij} - K_{ij}) \tag{5.52}$$

とも書くことができる.

結局，スピン軌道を使って表現したときの n 電子系のエネルギー期待値は，1 電子項の期待値 E_{1e} と 2 電子項の期待値 E_{2e} をあわせて，

$$E = \sum_i^n h_{ii} + \frac{1}{2} \sum_{i,j}^n (J_{ij} - K_{ij}) \tag{5.53}$$

となる．式 (5.18) の原子核間の反発エネルギーまで考慮すると，

$$E = \sum_i^n h_{ii} + \frac{1}{2} \sum_{i,j}^n (J_{ij} - K_{ij}) + \frac{1}{2} \sum_{A,B}^{N_n} \frac{Z_A Z_B}{R_{AB}} \tag{5.54}$$

である．

5.4 ハートリー–フォック方程式

これでハートリー–フォック方程式を導く準備が整った．残った仕事は，行列式波動関数 Ψ を構成する軌道関数 φ_i に関し，エネルギー期待値 E を最小化することである．ただし，波動関数 Ψ には規格化条件

$$\langle \Psi | \Psi \rangle = 1 \tag{5.55}$$

が課されている．この規格化条件は軌道関数を使って表現すると，軌道関数の規格直交条件である．

$$\langle \varphi_i | \varphi_j \rangle = \delta_{ij} \tag{5.56}$$

この条件のもとで変分法を適用する必要がある．このためには，**ラグランジェの未定乗数法** (Lagrange multiplier) を使うのが便利である．制約条件を含んだラグランジェ関数 $\mathscr{L}$ を設定して，変数に関する $\mathscr{L}$ の 1 次の変分が 0 になるとする方法である．

$$\delta \mathscr{L} = 0 \tag{5.57}$$

今の場合，次のラグランジェ関数を軌道関数 φ_i に関し最小化することになる．

$$\mathscr{L} = E - \sum_{i,j}^{n} \lambda_{ji}(\langle \varphi_i | \varphi_j \rangle - \delta_{ij}) \qquad (5.58)$$

λ_{ji} はラグランジェの未定乗数である.

$\mathscr{L}$ に対する 1 次の変分を求めるために,まず,軌道関数 φ_i を微小変化させて $\varphi_i + \delta\varphi_i$ としたときの式 (5.53) のエネルギー期待値の変化量を求めてみよう.

$$E[\varphi + \delta\varphi] = \sum_{i}^{n} \langle \varphi_i + \delta\varphi_i | \hat{h}_1 | \varphi_i + \delta\varphi_i \rangle$$
$$+ \frac{1}{2} \sum_{i,j}^{n} \langle (\varphi_i + \delta\varphi_i)(\varphi_j + \delta\varphi_j) | \hat{g}_{12} | (\varphi_i + \delta\varphi_i)(\varphi_j + \delta\varphi_j) \rangle$$
$$- \frac{1}{2} \sum_{i,j}^{n} \langle (\varphi_i + \delta\varphi_i)(\varphi_j + \delta\varphi_j) | \hat{g}_{12} | (\varphi_j + \delta\varphi_j)(\varphi_i + \delta\varphi_i) \rangle$$
$$(5.59)$$

1 次の変分の項を取り出すと,

$$\delta E = \sum_{i}^{n} \langle \delta\varphi_i | \hat{h}_1 | \varphi_i \rangle$$
$$+ \frac{1}{2} \sum_{i,j}^{n} \langle \delta\varphi_i \varphi_j | \hat{g}_{12} | \varphi_i \varphi_j \rangle + \frac{1}{2} \sum_{i,j}^{n} \langle \varphi_i \delta\varphi_j | \hat{g}_{12} | \varphi_i \varphi_j \rangle$$
$$- \frac{1}{2} \sum_{i,j}^{n} \langle \delta\varphi_i \varphi_j | \hat{g}_{12} | \varphi_j \varphi_i \rangle - \frac{1}{2} \sum_{i,j}^{n} \langle \varphi_i \delta\varphi_j | \hat{g}_{12} | \varphi_j \varphi_i \rangle + (複素共役)$$
$$= \sum_{i}^{n} \langle \delta\varphi_i | \hat{h}_1 | \varphi_i \rangle + \sum_{i,j}^{n} \langle \delta\varphi_i \varphi_j | \hat{g}_{12} | \varphi_i \varphi_j \rangle - \sum_{i,j}^{n} \langle \delta\varphi_i \varphi_j | \hat{g}_{12} | \varphi_j \varphi_i \rangle + (複素共役)$$
$$(5.60)$$

である.2 番目の等号には,

$$\sum_{j,i}^{n} \left\langle \varphi_j(1)\, \delta\varphi_i(2) \left| \frac{1}{r_{21}} \right| \varphi_j(1)\, \varphi_i(1) \right\rangle = \sum_{i,j}^{n} \left\langle \delta\varphi_i(1)\, \varphi_j(2) \left| \frac{1}{r_{12}} \right| \varphi_i(1)\, \varphi_j(2) \right\rangle$$
$$(5.61)$$

となることを使った.式をみやすくするために,**クーロン演算子** $\hat{J}_j$ と**交換演算子** $\hat{K}_j$ という演算子を導入して,式 (5.60) を書き直すと,

$$\delta E = \sum_i^n \langle \delta\varphi_i | \hat{h}_1 | \varphi_i \rangle + \sum_{i,j}^n \langle \delta\varphi_i | \hat{J}_j | \varphi_i \rangle - \sum_{i,j}^n \langle \delta\varphi_i | \hat{K}_j | \varphi_i \rangle + (複素共役) \tag{5.62}$$

となる．クーロン演算子と交換演算子は，

$$\boxed{\hat{J}_j \phi(1) = \left[\int \frac{\varphi_j^*(2)\,\varphi_j(2)}{r_{12}} d\tau_2 \right] \phi(1)} \tag{5.63}$$

$$\boxed{\hat{K}_j \phi(1) = \left[\int \frac{\varphi_j^*(2)\,\phi(2)}{r_{12}} d\tau_2 \right] \varphi_j(1)} \tag{5.64}$$

でそれぞれ定義される．交換演算子 $\hat{K}_j$ を適当なスピン軌道関数 $\phi(1)$ に作用させると，$\varphi_j(2)$ との間で電子座標が入れかわることに注意しておこう．交換演算子 $\hat{K}_j$ は，パウリの原理を満たすために生じた量子力学的な起源をもつ演算子である．前に導入したクーロン積分や交換積分とこれらの演算子との関係は，式 (5.63) と式 (5.64) において $\phi(1)$ を $\varphi_i(1)$ として，さらに左からその複素共役をかけて1番目の電子の座標に関して積分すれば，対応する積分が得られることからわかるだろう．

話をもとに戻そう．これで，ラグランジェ関数 $\mathscr{L}$ の中のエネルギー部分の1次の変分の形がわかった．制約条件部分に関しては簡単である．結局，軌道関数 φ_i に関するラグランジェ関数の1次の変分は，

$$\delta\mathscr{L} = \sum_i^n \left\langle \delta\varphi_i \middle| \hat{h}_1 + \sum_j^n (\hat{J}_j - \hat{K}_j) \middle| \varphi_i \right\rangle - \sum_i^n \left\langle \delta\varphi_i \middle| \sum_j^n \lambda_{ji} \varphi_j \right\rangle + (複素共役) \tag{5.65}$$

である．

エネルギー期待値が停留値をとるのは，このラグランジェ関数の1次の変分が0のときである．1次の変分が0という条件だけでは必ずしもエネルギーが極小点になる保証はないが，多くの場合これで十分である．すべての

5.4 ハートリー–フォック方程式

$\delta \varphi_i$ に対して次の条件を満足すればいい．

$$\hat{F}\varphi_i = \sum_{j}^{n} \lambda_{ji}\varphi_j \tag{5.66}$$

この式が**ハートリー–フォック方程式**である．$\hat{F}$ は**フォック演算子**と呼ばれ，

$$\boxed{\hat{F} = \hat{h}_1 + \sum_{j}^{n} (\hat{J}_j - \hat{K}_j)} \tag{5.67}$$

で定義されるエルミート演算子である．フォック演算子の中の運動エネルギー項は微分を含むし，クーロン演算子や交換演算子は積分を含んでいる．つまり，ハートリー–フォック方程式を解くことは微積分方程式を解くことになる．式 (5.66) から，

$$\lambda_{ji} = \langle \varphi_j | \hat{F} | \varphi_i \rangle \tag{5.68}$$

であるが，$\hat{F}$ はエルミート演算子であるので，

$$\lambda_{ji} = \lambda_{ij}^* \tag{5.69}$$

となる．つまり，ラグランジェ未定乗数を要素とする行列 $\boldsymbol{\lambda}$ はエルミート行列である．

式 (5.66) のハートリー–フォック方程式をもう少し簡単な形に書き直しておこう．式 (5.66) を行列形式で書くと，

$$\hat{F}\varphi = \varphi\lambda \tag{5.70}$$

である．φ は n 個の軌道関数を要素とする行ベクトルである．エルミート行列は適当なユニタリー (unitary) 行列 U により対角化できることを使おう (9.3.2 項参照)．ラグランジェの未定乗数を要素とする行列 $\boldsymbol{\lambda}$ はエルミート行列であるので，ユニタリー行列 U により対角行列 ε に変換できる．

$$U^\dagger \lambda U = \varepsilon \tag{5.71}$$

式 (5.70) の両辺に右から U をかけて，さらにユニタリー行列の定義である $U^\dagger U = 1$ を使うと，

$$\hat{F}\varphi U = \varphi U U^\dagger \lambda U = \varphi U \varepsilon \tag{5.72}$$

である.

$$\varphi' = \varphi U \quad (5.73)$$

とおくと,

$$\hat{F}\varphi' = \varphi'\varepsilon \quad (5.74)$$

となる. フォック演算子の中のクーロン演算子と交換演算子も軌道関数に依存しているので, 式 (5.73) の軌道の変換によって, これらの演算子がどのように変換されるかもみておこう. まず, クーロン演算子の項に関して,

$$\begin{aligned}\left(\sum_{j}^{n} \hat{J}_j'\right)\varphi_i'(1) &= \sum_{j}^{n}\left[\int \frac{\varphi_j'^{*}(2)\,\varphi_j'(2)}{r_{12}}\,d\tau_2\right]\varphi_i'(1) \\ &= \sum_{j}^{n}\left[\int \frac{\left(\sum_{k}^{n}\varphi_k'(2)\,U_{kj}\right)^{*}\left(\sum_{l}^{n}\varphi_l'(2)\,U_{lj}\right)}{r_{12}}\,d\tau_2\right]\varphi_i'(1) \quad (5.75)\end{aligned}$$

であるが, ユニタリー行列の定義 $\sum_{j}^{n} U_{kj}^{*} U_{lj} = \delta_{kl}$ を使うと,

$$\begin{aligned}\left(\sum_{j}^{n} \hat{J}_j'\right)\varphi_i'(1) &= \sum_{k}^{n}\left[\int \frac{\varphi_k'^{*}(2)\,\varphi_k'(2)}{r_{12}}\,d\tau_2\right]\varphi_i'(1) \\ &= \left(\sum_{j}^{n} \hat{J}_j\right)\varphi_i'(1) \quad (5.76)\end{aligned}$$

となる. 同様にすると, 交換演算子の項に関しても,

$$\left(\sum_{j}^{n} \hat{K}_j'\right)\varphi_i'(1) = \left(\sum_{j}^{n} \hat{K}_j\right)\varphi_i'(1) \quad (5.77)$$

が得られる. 結局, 式 (5.73) によって軌道を変換しても, フォック演算子は不変であることがわかった. これで, 式 (5.66) を簡単な形に書き直すことができることが示された. 式 (5.74) の軌道につけたダッシュをとっておこう. 最終的に得られる方程式は,

$$\boxed{\hat{F}\varphi_i = \varepsilon_i \varphi_i} \quad (5.78)$$

である．このような形のハートリー-フォック方程式のことを，**正準形式の**(canonical)**ハートリー-フォック方程式**という．また，正準形式のハートリー-フォック方程式から得られる軌道関数 φ_i のことを**正準ハートリー-フォック軌道**，あるいは単に**正準軌道**と呼び，固有値である ε_i のことを**軌道エネルギー**(orbital energy) という．

5.5 軌道エネルギー

フォック演算子 $\hat{F}$ はエルミート演算子であるので，その固有値である軌道エネルギーは実数である．軌道エネルギー ε_i の表式を求めておこう．式 (5.78) のハートリー-フォック方程式の両辺に左から φ_i の複素共役をかけて積分すればいい．

$$\boxed{\begin{aligned}\varepsilon_i &= \langle \varphi_i | \hat{F} | \varphi_i \rangle \\ &= h_{ii} + \sum_j^n (J_{ij} - K_{ij})\end{aligned}} \qquad (5.79)$$

これから，軌道エネルギーと式 (5.53) のハートリー-フォックエネルギーの間には，

$$E = \sum_i^n \varepsilon_i - \frac{1}{2} \sum_{i,j}^n (J_{ij} - K_{ij}) \qquad (5.80)$$

あるいは

$$E = \frac{1}{2} \sum_i^n (\varepsilon_i + h_{ii}) \qquad (5.81)$$

の関係が成り立っていることがわかる．ハートリー-フォック法のエネルギーは全軌道エネルギーの単純な和とはなっていない．ヒュッケル法の場合とは異なる．この理由は，ハートリー-フォック法の全軌道エネルギーの和をとってしまうと，電子間の相互作用が二重にカウントされてしまうためで

ある.

5.6 空間軌道表現のハートリー–フォック法

ここまでは，分子軌道としてスピン軌道を使ってハートリー–フォック法を表現した．スピン軌道に含まれているスピン関数に関しては，規格直交条件

$$\langle\alpha|\alpha\rangle = \langle\beta|\beta\rangle = 1$$
$$\langle\alpha|\beta\rangle = \langle\beta|\alpha\rangle = 0 \tag{5.82}$$

が成り立つので簡単に積分することができる．こうすることで，空間軌道のみを使って，ハートリー–フォック方程式を表現することができる．空間軌道表現でのハートリー–フォック法を導出しておこう．

スピン軌道 φ は，空間軌道 ϕ に α スピン関数か β スピン関数のいずれかをかけたものであった．α スピンの電子と β スピンの電子をペアにして，同じ空間軌道につめることでスピン軌道を作ろう．電子の数 n が偶数であって閉殻系になっている場合には，これが良い近似になっていることは直観的にわかるだろう．

$$\varphi_{2i-1} = \phi_i\alpha \tag{5.83}$$
$$\varphi_{2i} = \phi_i\beta \tag{5.84}$$

空間軌道の数は $n/2$ であるので，$i = 1, 2, \cdots, n/2$ である．このような近似に基づいたハートリー–フォック法のことを，**制限付きハートリー–フォック** (restricted Hartree-Fock，**RHF**) **法**という．対して，α スピンの電子と β スピンの電子をペアにせずに，異なる空間軌道につめることで得られたスピン軌道を使ったハートリー–フォック法のことを**非制限ハートリー–フォック** (unrestricted Hartree-Fock，**UHF**) **法**と呼ぶ．

閉殻系の RHF 法に話を戻そう．空間軌道表現のハートリー–フォック法を導出するには，式 (5.83) と式 (5.84) を使ってスピン軌道表現のハート

5.6 空間軌道表現のハートリー–フォック法

リー–フォック法の表現を書き直し、スピンに関する部分を積分すればいい。その際にスピン関数は規格直交条件を満たしていることを使う。

まず、空間軌道を使ったときのハートリー–フォックエネルギーを導出しておこう。スピン軌道表現のエネルギーをもう一度書いておくと、

$$E = \sum_{k}^{n} h_{kk} + \frac{1}{2} \sum_{k,l}^{n} (J_{kl} - K_{kl}) \quad (5.85)$$

である。まず、1電子項を空間軌道に書きかえてみよう。

$$\sum_{k}^{n} h_{kk} = \sum_{k}^{n} \langle \varphi_k(1) | \hat{h}_1 | \varphi_k(1) \rangle$$
$$= \sum_{i}^{n/2} \langle \phi_i(1) \alpha(1) | \hat{h}_1 | \phi_i(1) \alpha(1) \rangle + \sum_{i}^{n/2} \langle \phi_i(1) \beta(1) | \hat{h}_1 | \phi_i(1) \beta(1) \rangle \quad (5.86)$$

演算子 $\hat{h}_1$ はスピンに依存しないから、積分を空間部分とスピン部分にわけることができる。

$$\sum_{k}^{n} h_{kk} = \sum_{i}^{n/2} \langle \phi_i(1) | \hat{h}_1 | \phi_i(1) \rangle \langle \alpha(1) | \alpha(1) \rangle + \sum_{i}^{n/2} \langle \phi_i(1) | \hat{h}_1 | \phi_i(1) \rangle \langle \beta(1) | \beta(1) \rangle \quad (5.87)$$

式 (5.82) のスピン関数の規格化条件を使うと、

$$\sum_{k}^{n} h_{kk} = 2 \sum_{i}^{n/2} \langle \phi_i(1) | \hat{h}_1 | \phi_i(1) \rangle \quad (5.88)$$

であることがわかる。同様にして、2電子項であるクーロン積分と交換積分を書きかえてみよう。

$$\sum_{k,l}^{n} J_{kl} = \sum_{k,l}^{n} \langle \varphi_k(1)\,\varphi_l(2) | \hat{g}_{12} | \varphi_k(1)\,\varphi_l(2) \rangle$$

$$= \sum_{i,j}^{n/2} \langle \phi_i(1)\,\alpha(1)\,\phi_j(2)\,\alpha(2) | \hat{g}_{12} | \phi_i(1)\,\alpha(1)\,\phi_j(2)\,\alpha(2) \rangle$$

$$+ \sum_{i,j}^{n/2} \langle \phi_i(1)\,\alpha(1)\,\phi_j(2)\,\beta(2) | \hat{g}_{12} | \phi_i(1)\,\alpha(1)\,\phi_j(2)\,\beta(2) \rangle$$

$$+ \sum_{i,j}^{n/2} \langle \phi_i(1)\,\beta(1)\,\phi_j(2)\,\alpha(2) | \hat{g}_{12} | \phi_i(1)\,\beta(1)\,\phi_j(2)\,\alpha(2) \rangle$$

$$+ \sum_{i,j}^{n/2} \langle \phi_i(1)\,\beta(1)\,\phi_j(2)\,\beta(2) | \hat{g}_{12} | \phi_i(1)\,\beta(1)\,\phi_j(2)\,\beta(2) \rangle$$

$$= \sum_{i,j}^{n/2} \langle \phi_i(1)\,\phi_j(2) | \hat{g}_{12} | \phi_i(1)\,\phi_j(2) \rangle \langle \alpha(1)|\alpha(1) \rangle \langle \alpha(2)|\alpha(2) \rangle$$

$$+ \sum_{i,j}^{n/2} \langle \phi_i(1)\,\phi_j(2) | \hat{g}_{12} | \phi_i(1)\,\phi_j(2) \rangle \langle \alpha(1)|\alpha(1) \rangle \langle \beta(2)|\beta(2) \rangle$$

$$+ \sum_{i,j}^{n/2} \langle \phi_i(1)\,\phi_j(2) | \hat{g}_{12} | \phi_i(1)\,\phi_j(2) \rangle \langle \beta(1)|\beta(1) \rangle \langle \alpha(2)|\alpha(2) \rangle$$

$$+ \sum_{i,j}^{n/2} \langle \phi_i(1)\,\phi_j(2) | \hat{g}_{12} | \phi_i(1)\,\phi_j(2) \rangle \langle \beta(1)|\beta(1) \rangle \langle \beta(2)|\beta(2) \rangle$$

$$= 4 \sum_{i,j}^{n/2} \langle \phi_i(1)\,\phi_j(2) | \hat{g}_{12} | \phi_i(1)\,\phi_j(2) \rangle \tag{5.89}$$

5.6 空間軌道表現のハートリー–フォック法

$$\sum_{k,l}^{n} K_{kl} = \sum_{k,l}^{n} \langle \varphi_k(1)\,\varphi_l(2) | \hat{g}_{12} | \varphi_l(1)\,\varphi_k(2) \rangle$$

$$= \sum_{i,j}^{n/2} \langle \phi_i(1)\,\alpha(1)\,\phi_j(2)\,\alpha(2) | \hat{g}_{12} | \phi_j(1)\,\alpha(1)\,\phi_i(2)\,\alpha(2) \rangle$$

$$+ \sum_{i,j}^{n/2} \langle \phi_i(1)\,\alpha(1)\,\phi_j(2)\,\beta(2) | \hat{g}_{12} | \phi_j(1)\,\beta(1)\,\phi_i(2)\,\alpha(2) \rangle$$

$$+ \sum_{i,j}^{n/2} \langle \phi_i(1)\,\beta(1)\,\phi_j(2)\,\alpha(2) | \hat{g}_{12} | \phi_j(1)\,\alpha(1)\,\phi_i(2)\,\beta(2) \rangle$$

$$+ \sum_{i,j}^{n/2} \langle \phi_i(1)\,\beta(1)\,\phi_j(2)\,\beta(2) | \hat{g}_{12} | \phi_j(1)\,\beta(1)\,\phi_i(2)\,\beta(2) \rangle$$

$$= \sum_{i,j}^{n/2} \langle \phi_i(1)\,\phi_j(2) | \hat{g}_{12} | \phi_j(1)\,\phi_i(2) \rangle \langle \alpha(1)|\alpha(1)\rangle \langle \alpha(2)|\alpha(2)\rangle$$

$$+ \sum_{i,j}^{n/2} \langle \phi_i(1)\,\phi_j(2) | \hat{g}_{12} | \phi_j(1)\,\phi_i(2) \rangle \langle \alpha(1)|\beta(1)\rangle \langle \beta(2)|\alpha(2)\rangle$$

$$+ \sum_{i,j}^{n/2} \langle \phi_i(1)\,\phi_j(2) | \hat{g}_{12} | \phi_j(1)\,\phi_i(2) \rangle \langle \beta(1)|\alpha(1)\rangle \langle \alpha(2)|\beta(2)\rangle$$

$$+ \sum_{i,j}^{n/2} \langle \phi_i(1)\,\phi_j(2) | \hat{g}_{12} | \phi_j(1)\,\phi_i(2) \rangle \langle \beta(1)|\beta(1)\rangle \langle \beta(2)|\beta(2)\rangle$$

$$= 2\sum_{i,j}^{n/2} \langle \phi_i(1)\,\phi_j(2) | \hat{g}_{12} | \phi_j(1)\,\phi_i(2) \rangle \tag{5.90}$$

今後，混乱のない限り1電子積分と2電子積分に関して，空間軌道表現の場合もスピン軌道表現と同じ略記法を使う．

$$\begin{aligned} h_{ii} &= \int \phi_i^*(1)\,\hat{h}_1 \phi_i(1)\,dr_1 \\ &= \langle \phi_i(1) | \hat{h}_1 | \phi_i(1) \rangle \end{aligned} \tag{5.91}$$

$$\begin{aligned} J_{ij} &= \iint \phi_i^*(1)\,\phi_j^*(2)\,\frac{1}{r_{12}}\,\phi_i(1)\,\phi_j(2)\,dr_1 dr_2 \\ &= \langle \phi_i(1)\,\phi_j(2) | \hat{g}_{12} | \phi_i(1)\,\phi_j(2) \rangle \end{aligned} \tag{5.92}$$

$$\begin{aligned} K_{ij} &= \iint \phi_i^*(1)\,\phi_j^*(2)\,\frac{1}{r_{12}}\,\phi_j(1)\,\phi_i(2)\,dr_1 dr_2 \\ &= \langle \phi_i(1)\,\phi_j(2) | \hat{g}_{12} | \phi_j(1)\,\phi_i(2) \rangle \end{aligned} \tag{5.93}$$

結果をまとめると，空間軌道を使ったときのハートリー-フォックエネルギーは，

$$E = 2\sum_{i}^{n/2} h_{ii} + \sum_{i,j}^{n/2} (2J_{ij} - K_{ij}) \qquad (5.94)$$

で与えられる．

次に，ハートリー-フォック方程式が空間軌道を使ってどのように表現されるかみていこう．式 (5.94) の空間軌道表現のエネルギーから始めて，スピン軌道を使ってハートリー-フォック方程式を導出したときと同じようにすればいい．導出は読者にまかせて結果だけ示そう．

$$\hat{F}\phi_i = \varepsilon_i \phi_i \qquad (5.95)$$

$$\hat{F} = \hat{h}_1 + \sum_{j}^{n/2} (2\hat{J}_j - \hat{K}_j) \qquad (5.96)$$

5.7 ハートリー-フォック-ローターン法

式 (5.78) あるいは式 (5.95) のハートリー-フォック方程式を解くことは，微積分方程式を解くことになることを前に述べた．多電子原子に対しては，中心が一つであり球対称の問題を解けばいいので，簡単に微積分方程式を数値的に解くことができる．2原子分子に対してもそれほど難しくない．しかしながら，われわれの興味のある分子の多くは，多くの原子から構成されていて，多中心をもつような分子である．ハートリー-フォック方程式を数値的に解くことは困難である．

求めたい分子の分子軌道 ϕ_i を N 個の**原子軌道** (atomic orbital) χ_p で展開することを考えよう．

5.7 ハートリー–フォック–ローターン法

$$\phi_i = \sum_p^N C_{pi} \chi_p \tag{5.97}$$

ここで，分子軌道 ϕ_i は空間軌道である．原子軌道 χ_p は通常，分子を構成する各原子を中心とした軌道である．今の場合，分子軌道を構成する空間の基底になっているので，**基底関数** (basis function) とも呼ばれる．また，展開係数 C_{pi} は**分子軌道係数**である．「分子は原子が寄せ集まって構成されている」と言ったデモクリトス (Dēmokritos) 以来，化学者がもってきたイメージに基づいた近似である．分子の軌道は原子軌道の形を色濃く残しているといったタイトバインディングの考えに基づいた近似である．原子軌道の形は，すでに第 2 章で示したように，その形がよくわかっている．よくわかっているものを使って，その重ね合わせからわからないものを作っていこうという近似でもある．この近似の展開のことを LCAO (linear combination of atomic orbitals) **展開**という．ヒュッケル法のときにも使った近似である．ヒュッケル法のときは π 原子軌道だけを考えたが，今はそのような制約を置く必要はない．

LCAO 展開に基づいた分子軌道を使ったときに，ハートリー–フォック法がどのように表現されるかみていこう．空間軌道表現の制限付きハートリー–フォックエネルギーの表式 (5.94) から出発しよう．式 (5.97) を代入すると，

$$E = 2 \sum_{p,q}^N D_{pq} h_{pq} + \sum_{p,q}^N \sum_{r,s}^N D_{pq} D_{rs} \left[2(pq|rs) - (ps|rq) \right] \tag{5.98}$$

となる．ここで，

$$h_{pq} = \int \chi_p^*(1) \hat{h}_1 \chi_q(1) \, dr_1 \tag{5.99}$$

$$(pq|rs) = \iint \chi_p^*(1)\,\chi_q(1)\,\frac{1}{r_{12}}\,\chi_r^*(2)\,\chi_s(2)\,dr_1 dr_2 \qquad (5.100)$$

というふうに原子軌道に関する積分を略記した．h_{pq} は 1 電子原子軌道積分で，$(pq|rs)$ は 2 電子原子軌道積分である．2 電子原子軌道積分は四つの原子軌道を含んでいることに着目しておこう．また，

$$\boxed{D_{pq} = \sum_i^{N_{occ}} C_{pi}^* C_{qi}} \qquad (5.101)$$

であり，**密度行列** (density matrix) と呼ばれる．i に関する和は電子のつまっている分子軌道，つまり占有軌道についてとる．占有軌道の数 N_{occ} は，制限付きハートリー-フォック法の場合，全電子数の半分であるので $N_{occ} = n/2$ である．

基底関数を用いて分子軌道を LCAO 展開で表したとき，変分パラメータは分子軌道係数 C_{pi} である．分子軌道係数を求める方程式を導出してみよう．3.2 節で勉強したリッツの変分法を使う．式 (5.95) のハートリー-フォック方程式の両辺に，分子軌道 ϕ_i の複素共役をかけて積分する．

$$\int \phi_i^* \hat{F} \phi_i\,d\tau = \varepsilon_i \int \phi_i^* \phi_i\,d\tau \qquad (5.102)$$

式 (5.97) の分子軌道を代入して，両辺を分子軌道係数 C_{pi} で微分すればよい．次の形の行列方程式を解くことになる．

$$\boxed{\mathbf{FC} = \mathbf{SC}\boldsymbol{\varepsilon}} \qquad (5.103)$$

F は**フォック行列**，**S** は**重なり行列**と呼ばれ，各々の行列の成分は，

$$\boxed{F_{pq} = h_{pq} + \sum_{r,s}^{N} D_{rs}\left[\,2(pq|rs) - (ps|rq)\,\right]} \qquad (5.104)$$

5.7 ハートリー–フォック–ローターン法

$$S_{pq} = \int \chi_p^*(1)\chi_q(1)\,dr_1 \quad (5.105)$$

で与えられる．分子軌道とは違って，基底関数は一般に規格直交条件を満たしていないので，重なり行列Sは単位行列ではないことを注意しておこう．フォック行列Fと重なり行列Sの両方とも（基底関数の数）×（基底関数の数）の行列である．与えられたFとSに対し，式 (5.103) の行列方程式を解くことで，基底関数の数だけの固有値と固有ベクトル（を成分とする行列）が得られることになる．通常，得られる分子軌道の数は基底関数の数と等しくなる．ただし，基底関数に線形従属がある場合は，数値計算の不安定性を除く作業を行う結果，得られる分子軌道の数が与えた基底関数の数より少なくなることもある．Cは分子軌道係数を要素とする行列で，（基底関数の数）×（分子軌道の数）の行列である．また，εは軌道エネルギーを要素とする対角行列である．この行列は，（分子軌道の数）×（分子軌道の数）の行列である．

制限付きハートリー–フォック法の場合は，n個の電子を軌道エネルギーの低い分子軌道から順に2個ずつつめていく．軌道エネルギーの低い分子軌道から電子をつめていくような方法を，**積み重ね (Aufbau) の原理**に基づいたつめ方という．電子がつまっている分子軌道が**占有 (occupied) 軌道**で，全部で$n/2$個ある．このようにして決めた占有軌道の分子軌道係数を使って，式 (5.101) から密度行列を評価し，式 (5.98) に基づいてエネルギーを計算する．ハートリー–フォック計算によって得られる分子軌道はN個あるので，占有軌道以外のハートリー–フォック計算では使用しない分子軌道が副産物として$N-n/2$個得られる．この分子軌道のことを**仮想 (virtual) 軌道**という．電子がつまっていないので，**空 (vacant) 軌道**とも呼ばれる．式 (5.98) のハートリー–フォックエネルギーと式 (5.101) の密度行列の定義からわかるように，仮想軌道はハートリー–フォック法のエネルギー計算には

まったく寄与しない．しかしながら，第6章でみるように電子相関理論では，電子相関を考慮するための空間として必要となってくる．また，第7章で説明するフロンティア軌道論では，化学反応に寄与する軌道として重要な意味をもつ．

この一連のハートリー-フォック法の解き方はローターン (Roothaan) により提案されたので，この方法のことを**ハートリー-フォック-ローターン法**と呼び，式 (5.103) の行列形式のハートリー-フォック方程式を**ハートリー-フォック-ローターン方程式**という．微積分方程式を解くかわりに，行列問題に置きかえて解く方法である．ハートリー-フォック計算だけではなく，6.9節で説明する密度汎関数法計算においても現在の主流になっている解き方である．

5.8 Self-Consistent Field の手続き

ハートリー-フォック-ローターン方程式はどのように解けばいいのだろうか．式 (5.103) のハートリー-フォック-ローターン方程式は，重なり行列をもった一般化固有値問題の形をしている．重なり行列をもたない固有値問題の形にすると，普通の固有値問題になって，数値計算の一般のアルゴリズムを用いてコンピュータで簡単に解くことができる．ユニタリー変換により，重なり行列 S を単位行列 1 に変換しよう．この手続きのことを重なり行列 S の直交化という．重なり行列はエルミート行列である．一般に，エルミート行列は適当なユニタリー行列 U により対角行列に変換することができる (9.3.2項参照)．

$$U^\dagger S U = s \tag{5.106}$$

s が対角行列である．

$$V = U s^{-1/2} \tag{5.107}$$

あるいは

5.8 Self-Consistent Field の手続き

$$V = Us^{-1/2}U^{\dagger} \tag{5.108}$$

と定義すれば，重なり行列 S は，

$$V^{\dagger}SV = 1 \tag{5.109}$$

のように行列 V により単位行列にすることができる．式 (5.106) を使って直交化する作業を**正準直交化** (canonical orthogonalization) と呼ぶのに対し，式 (5.107) を使う直交化を**対称直交化** (symmetric orthogonalization) という．式 (5.103) のハートリー-フォック-ローターン方程式の両辺に左から $V^{\dagger}$ をかけて，さらに関係式 $VV^{-1} = 1$ を式の中にはさみ込んでみよう．

$$V^{\dagger}F(VV^{-1})C = V^{\dagger}S(VV^{-1})C\varepsilon \tag{5.110}$$

この式において，

$$\bar{F} = V^{\dagger}FV \tag{5.111}$$

$$\bar{C} = V^{-1}C \tag{5.112}$$

と置くと，

$$\bar{F}\bar{C} = \bar{C}\varepsilon \tag{5.113}$$

のように重なり行列が現れない固有値問題にすることができる．式 (5.113) は通常の行列の固有値問題の解法によって解くことができる．もとの係数行列 C を求めるためには，得られた係数行列 $\bar{C}$ を

$$C = V\bar{C} \tag{5.114}$$

の関係を使って変換し直せばいい．

式 (5.103) のハートリー-フォック-ローターン方程式が単純な一般化固有値問題ならば，以上の手続きで解が得られる．しかしながら，式 (5.104) のフォック行列をみてみると，その中には分子軌道係数から作られる密度行列が含まれている．単純な固有値問題ではない．このような固有値問題は繰り返しの手続きを用いて計算することができる．この繰り返しの手続きのことを self-consistent field (SCF) **の手続き**と呼ぶ．日本語でいうと，**つじつまのあった場の手続き**，あるいは**自己無撞着場の手続き**である．

図 5.2 に SCF の手続きの一連の流れを図示した．最初に初期値として，

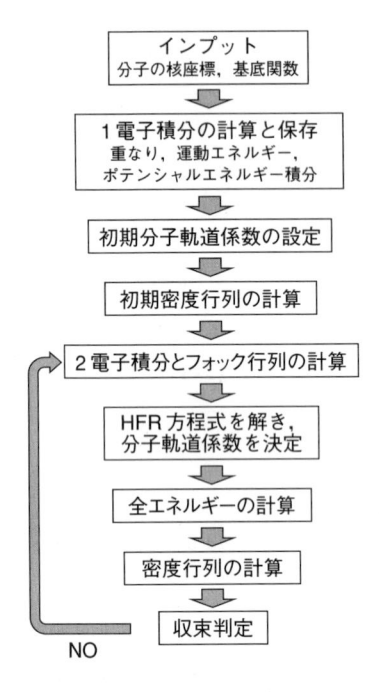

図 5.2 SCF の手続き

[フローチャート：インプット（分子の核座標，基底関数）→ 1電子積分の計算と保存（重なり，運動エネルギー，ポテンシャルエネルギー積分）→ 初期分子軌道係数の設定 → 初期密度行列の計算 → 2電子積分とフォック行列の計算 → HFR方程式を解き，分子軌道係数を決定 → 全エネルギーの計算 → 密度行列の計算 → 収束判定 → NO の場合は「2電子積分とフォック行列の計算」に戻る]

初期分子軌道係数行列 $\mathbf{C}^{(0)}$ を準備しておく．求める係数行列の右肩に (n) をつけて n 回目の繰り返しで得られたものであることを表しておこう．初期係数行列 $\mathbf{C}^{(0)}$ を使って，初期密度行列 $\mathbf{D}^{(0)}$ を式 (5.101) から作る．次に，初期密度行列 $\mathbf{D}^{(0)}$ を用いてフォック行列 $\mathbf{F}^{(0)}$ を式 (5.104) から計算する．このフォック行列を直交化して，式 (5.113) の固有値問題を解くと，新しい係数行列 $\mathbf{C}^{(1)}$ が決定できる．この手続きで n 回目と $n-1$ 回目の係数行列あるいは密度行列がほとんど同じになったらハートリー–フォック–ローターン方程式が解けたことになる．このとき SCF が **収束** (converge) したという．

5.9 基底関数

ハートリー–フォック–ローターン法では，基底関数を導入してハートリー–フォック方程式を解く．これまで，基底関数がどのような形であるかについては，まったくふれてこなかった．できるだけ少ない個数の関数系で精度の高い結果が得られるような基底関数系が望まれる．多くの基底関数の形がこれまでに提案されている．

第2章で，水素原子の波動関数は $\exp(-\mathbf{r})$ の形で表されることをみた．この形の関数を水素以外の原子に対しても基底関数として用いれば，関数の

個数を抑えて精度の高い計算ができるだろう．このような形の基底関数は，**スレーター型関数** (Slater-type function, **STF**)，あるいは**スレーター型軌道** (Slater-type orbital, **STO**) と呼ばれている．

$$\chi_{nlm}^{\mathrm{STF}}(\zeta, \mathbf{R}_\mathrm{A}) = (\mathbf{r} - \mathbf{R}_\mathrm{A})^{n-1} \exp[-\zeta(\mathbf{r} - \mathbf{R}_\mathrm{A})] Y_{lm}(\theta, \varphi) \qquad (5.115)$$

n, l, m はそれぞれ主量子数，方位量子数，磁気量子数であり，$Y_{lm}(\theta, \varphi)$ は球面調和関数である．主量子数 n が $1, 2, 3, 4, \cdots$ に対応して，s, p, d, f, $\cdots$ 型関数になる．$\mathbf{R}_\mathrm{A}$ は原子 A の座標ベクトルを表す．また，ζ は**軌道指数** (orbital exponent) と呼ばれ，関数の広がりを表す．スレーター型関数は，初期の量子化学計算に使われていたが，現在では半経験的分子軌道法計算以外にはあまり用いられていない．

現在の量子化学計算において用いられている基底関数の形は**ガウス型関数** (Gaussian-type function, **GTF**) である．

$$\chi_{nlm}^{\mathrm{GTF}}(\zeta, \mathbf{R}_\mathrm{A}) = (\mathbf{r} - \mathbf{R}_\mathrm{A})^{n-1} \exp[-\zeta(\mathbf{r} - \mathbf{R}_\mathrm{A})^2] Y_{lm}(\theta, \varphi) \qquad (5.116)$$

あるいは，

$$\chi_{lmn}^{\mathrm{GTF}}(\zeta, \mathbf{R}_\mathrm{A}) = (x - x_\mathrm{A})^l (y - y_\mathrm{A})^m (z - z_\mathrm{A})^n \exp[-\zeta(\mathbf{r} - \mathbf{R}_\mathrm{A})^2] \qquad (5.117)$$

で与えられる．**ガウス型軌道** (Gaussian-type orbital, **GTO**) とも呼ばれる．ガウス型関数とスレーター型関数とを比べると，指数関数の部分が異なっている．式 (5.116) は極座標表現であり，式 (5.117) は直交座標に対する表現である．極座標を使うか直交座標を使うかの選択によって，d 関数よりも高い角運動量をもつ関数を使ったときの基底関数の数がかわってくる．例えば，極座標表現では d 関数の数は 5 個であるのに対し，直交座標では 6 個になる．

スレーター型関数は水素原子の厳密な波動関数の形をしていたが，ガウス型関数にはそのような物理的な意味はない．それにもかかわらず，ガウス型

関数が現在の量子化学計算に用いられているのにはわけがある．ハートリー–フォック–ローターン方程式を解く際に，式 (5.100) の 2 電子原子軌道積分が必要であることを思い出そう．2 電子原子軌道積分は四つの原子軌道を含んでいて，最大で四つの異なる原子中心の基底関数が必要である．2 中心くらいならスレーター型関数でも 2 電子積分の計算が可能である．しかしながら，4 中心の 2 電子積分ではそうはいかない．ガウス型関数に関しては，**ガウス積** (Gaussian product) **の定理**という定理が成り立つ．ガウス積の定理を使うと，二つのガウス型関数の積を一つの中心をもつガウス型関数で表現することができる．例えば，二つの s 型ガウス型関数

$$\chi_A(\mathbf{r}) = \exp[-\alpha(\mathbf{r} - \mathbf{R}_A)^2] \tag{5.118}$$

$$\chi_B(\mathbf{r}) = \exp[-\beta(\mathbf{r} - \mathbf{R}_B)^2] \tag{5.119}$$

の積は，

$$\chi_A(\mathbf{r})\chi_B(\mathbf{r}) = \exp[-\eta(\mathbf{R}_A - \mathbf{R}_B)^2]\exp[-\gamma(\mathbf{r} - \mathbf{R}_P)^2] \equiv \chi_P(\mathbf{r}) \tag{5.120}$$

のように書くことができる．ここで，

$$\eta = \frac{\alpha\beta}{\alpha + \beta} \tag{5.121}$$

$$\gamma = \alpha + \beta \tag{5.122}$$

$$\mathbf{R}_P = \frac{\alpha\mathbf{R}_A + \beta\mathbf{R}_B}{\alpha + \beta} \tag{5.123}$$

である．この性質により，ガウス型軌道を用いれば 4 中心の積分を 2 中心積分にすることができて，容易に 2 電子積分を計算することができる．

5.10 短縮ガウス型基底関数

少ない個数の関数系で精度の高い計算を実現するために，ガウス型基底は通常，**短縮ガウス型基底** (contracted Gaussian-type basis set) という形で用

いられる．短縮ガウス関数 χ_p は，

$$\chi_p = \sum_{\mu} d_{\mu p} \chi_{\mu}^{\mathrm{prim}} \tag{5.124}$$

のような，軌道指数の異なる**原始ガウス型関数**（primitive Gaussian-type basis set）の線形結合の形で与えられる．$\chi_{\mu}^{\mathrm{prim}}$ が原始ガウス型関数で，式(5.116) のような一つのガウス型関数である．また，$d_{\mu p}$ は**短縮係数**（contraction coefficient）と呼ばれる．本章末の演習問題 [2] でみるように，一つのガウス型関数ではスレーター型関数の形をうまく表現することができないが，軌道指数の異なるいくつかのガウス型関数の線形結合を作ることで近似的にスレーター型関数の形に近づけることができる．短縮の仕方によって，いろいろなレベルの基底関数系を作ることができる．代表的な基底関数系をあげておこう．

(1) 最小基底関数系

最小基底関数系（minimal basis set）は，最低限必要な個数の短縮ガウス型関数を使った基底関数系である．炭素原子のような第 3 周期の原子では，電子は 2p 軌道までを占めるので，最小基底関数としては $1\mathrm{s}, 2\mathrm{s}, 2\mathrm{p}_x, 2\mathrm{p}_y, 2\mathrm{p}_z$ に対応する五つの短縮ガウス関数を準備すればいい．また，水素原子では，1s 軌道に一つの電子をもつから，1s に対応する一つの短縮関数があればいい．最小基底関数系の場合，多くはスレーター型関数の形を再現するように近似する．L 個の原始ガウス型関数を短縮して，スレーター型関数を近似したものを **STO-LG** と呼んでいる．

(2) 分割価電子基底関数系

化学結合で直接重要になるのは，内殻軌道ではなく原子価軌道である．このため，内殻軌道よりも価電子軌道を多くの基底関数で表現すれば，精度を落とすことなく，基底関数の個数を減らすことができるだろう．このような考えに基づいて作られた基底関数を，**分割価電子基底関数**（split-valence basis set）という．通常は，内殻軌道を一つの短縮ガウス型軌道で表してお

いて，原子価軌道には2個以上の短縮ガウス型軌道を使う．代表的な分割価電子基底関数としては，ポープル (Pople) らの提案した **6-31G** 基底がある．6-31 という記号を使うことで，基底関数の分割と短縮の仕方を表している．最初の 6 は，6 個の原始ガウス型関数を短縮して一つの短縮ガウス型関数にして内殻軌道の基底関数として用いることを表している．31 のほうは，価電子軌道に対する基底関数の分割と短縮の仕方を表していて，三つと一つの原始ガウス型関数をそれぞれ短縮した二つのガウス型基底を用いることを意味する．

(3) **分極基底関数系**

より柔軟に化学結合を表現するためには，**分極関数** (polarization function) と呼ばれる関数を基底関数に加えればいい．分極関数は，電子がつまっている軌道よりも高い角運動量をもつ関数である．例えば，水素原子と炭素原子に対しては，それぞれ p 関数と d 関数ということになる．6-31G(d) とか 6-31G(d, p) という分極基底関数は，6-31G 基底に分極関数を加えたものである．(d) は水素原子以外の重原子の基底関数に分極 d 関数を加えることを意味する．また，(d, p) と書いた場合には，重原子に分極 d 関数を加えて，水素原子に分極 p 関数を追加することを表す．スター (*) を使って，分極関数であることを表すこともある．例えば，6-31G* は 6-31G(d) と同じものであるし，6-31G** と書いた場合は重原子に加えて水素原子にも分極関数を加えた基底関数を表し，6-31G(d, p) と同じである．

5.11 クープマンスの定理

ハートリー–フォック方程式がもつ性質の一つを紹介しておこう．n 電子系のハートリー–フォックエネルギーを $E(n)$ とし，i 番目の占有分子軌道 φ_i から電子が抜けたときのハートリー–フォックエネルギーを $E_i(n-1)$ としておく．すると，$E_i(n-1) - E(n)$ はイオン化エネルギー E_i^{IP} を表すこ

5.11 クープマンスの定理

とになる.ハートリー-フォック法では,イオン化エネルギー E_i^{IP} が i 番目の軌道エネルギー ε_i の符号をかえたものになる.

$$\boxed{E_i^{\mathrm{IP}} = -\varepsilon_i} \tag{5.125}$$

同じように,a 番目の仮想軌道 φ_a に電子が入ったときのハートリー-フォックエネルギーを $E_a(n+1)$ としておくと $E(n) - E_a(n+1)$ は電子親和力 E_a^{EA} を表すが,これは a 番目の軌道エネルギー ε_a の符号をかえたものに等しい.

$$\boxed{E_a^{\mathrm{EA}} = -\varepsilon_a} \tag{5.126}$$

これらの関係は**クープマンス**(Koopmans)**の定理**と呼ばれていて,軌道エネルギーからイオン化エネルギーと電子親和力を近似的に見積もることができる.

イオン化エネルギーに関して,クープマンスの定理を証明しておこう.n 電子系のハートリー-フォックエネルギー $E(n)$ は式 (5.53) で与えられる.

$$E(n) = \sum_{j}^{n} h_{jj} + \frac{1}{2} \sum_{j,k}^{n} (J_{jk} - K_{jk}) \tag{5.127}$$

もとの正準軌道をそのままにしておいて,i 番目の占有軌道 φ_i から一つ電子を抜くと,ハートリー-フォックエネルギー $E_i(n-1)$ は,

$$\begin{aligned}
E_i(n-1) &= \sum_{j(\neq i)}^{n} h_{jj} + \frac{1}{2} \sum_{j(\neq i), k(\neq i)}^{n} (J_{jk} - K_{jk}) \\
&= \sum_{j}^{n} h_{jj} - h_{ii} + \frac{1}{2} \sum_{j,k}^{n} (J_{jk} - K_{jk}) - \frac{1}{2} \sum_{j}^{n} (J_{ji} - K_{ji}) - \frac{1}{2} \sum_{k}^{n} (J_{ik} - K_{ik}) \\
&= \sum_{j}^{n} h_{jj} + \frac{1}{2} \sum_{j,k}^{n} (J_{jk} - K_{jk}) - \left[h_{ii} + \sum_{k}^{n} (J_{ik} - K_{ik}) \right]
\end{aligned} \tag{5.128}$$

となる.最初の 2 項は $E(n)$ に等しい.残りの項は式 (5.79) から軌道エネルギー ε_i (の符号をかえたもの) に等しくなることがわかる.

$$E_i(n-1) = E(n) - \varepsilon_i \tag{5.129}$$

表 5.1 ホルムアルデヒドのイオン化エネルギー

イオン化状態	実験のイオン化エネルギー (eV)	HF 軌道エネルギー (6-31 G**) (au)	クープマンスイオン化エネルギー(eV)
X^2B_2	10.88	-0.86722	11.83
A^2B_1	14.38	-0.69632	14.69
B^2A_1	15.85	-0.65229	17.75
C^2B_2	16.25	-0.53996	18.95
D^2A_1	21.15 ± 0.15	-0.43474	23.60

イオン化状態の A_1, B_1, B_2 は状態の対称性を表す.左肩の 2 は二重項を意味する.エネルギーの低い順に X,A,B,C,D,… とつける.

結局,式 (5.125) が成り立つことがわかる.同じようにすれば,電子親和力に関するクープマンスの定理を導出することができる.これは演習問題にしておこう(問 [5]).

導出の仕方からわかるように,クープマンスの定理ではイオン化したときの分子軌道として中性のときの分子軌道を用いている.イオン化すれば分子軌道も変化するはずである.このような近似が入っているのにもかかわらず,クープマンスの定理から見積もったイオン化エネルギーは実験のイオン化エネルギーを多くの場合よく再現する.例として,ホルムアルデヒドのイオン化エネルギーを低いほうから五つ,表 5.1 に示す.クープマンスの定理から見積もったイオン化エネルギーと実験のイオン化エネルギーがよく一致していることがわかるだろう.また,クープマンスの定理から見積もったイオン化エネルギーは,実験よりも若干高い値になっていることもわかる.これは一般にみられる傾向である.クープマンスの定理ではイオン化したときの軌道の緩和の効果が入っていないことに由来する.

分子軌道法プログラム

　分子軌道計算をするためにはコンピュータと計算ソフトウェアの力を借りることになる．世界中で多くの分子軌道法のプログラムパッケージが開発され，公開されている．代表的な分子軌道法ソフトウェアは Gaussian プログラムである．1970 年にポープルが発表した Gaussian 70 が元になっていて，以来数年おきに機能が拡張されたバージョンが発表されている．現在のバージョンは Gaussian 09 であり，有料で配布されている．多くの理論手法や機能が含まれていて，できない計算はないと言ってもいいくらいである．また，実験化学者にも使いやすいインターフェースをもっていて，世界中で最もよく使われている分子軌道法のソフトウェアである．Gaussian と双璧をなすのが GAMESS (US) である．GAMESS はアイオワ州立大学の研究グループが中心となって，世界中の研究者により開発が進められている．多くの日本の研究者も開発に寄与していて，Gaussian 同様多くの理論手法を含んでいる．電子相関の計算や相対論効果の計算もできる．Gaussian が有料であるのに対して，GAMESS は無料で配布されている．現在では，パーソナルコンピュータを使えば比較的大きな分子でも計算することが可能であるので，本書を読んで分子軌道計算に興味をもった読者は，分子軌道法のプログラムを手に入れていろいろ計算してみるといいだろう．

演習問題

[1] リチウム原子の反対称化された波動関数 Ψ は行列式を使って，

$$\Psi = \frac{1}{(3!)^{1/2}} \begin{vmatrix} \chi_1(1) & \chi_2(1) & \chi_3(1) \\ \chi_1(2) & \chi_2(2) & \chi_3(2) \\ \chi_1(3) & \chi_2(3) & \chi_3(3) \end{vmatrix}$$

のように書くことができる．χ_1 と χ_2 はそれぞれ α スピンと β スピンの 1s 原子軌道で，χ_3 は α スピン（あるいは β スピン）の 2s 原子軌道である．この波動関数が 1 番目と 3 番目の電子を入れかえる置換演算子 $P(1,3)$ の固

有関数であることを示し，その固有値を求めよ．
- [2] 1次元のスレーター型関数 $\exp(-|x|)$ とガウス型関数 $\exp(-x^2)$ をグラフにプロットせよ．スレーター型関数とガウス型関数の違いを述べよ．
- [3] ハートリー-フォック方程式にでてくる積分の多くは自分の手で計算することはできず，コンピュータに頼らざるをえない．ここでは，簡単な積分を計算してみよう．二つのs型のガウス型関数 $\chi_A(\mathbf{r}) = \exp[-\alpha(\mathbf{r} - \mathbf{R}_A)^2]$ と $\chi_B(\mathbf{r}) = \exp[-\beta(\mathbf{r} - \mathbf{R}_B)^2]$ の重なり積分を求めよ．同様に，運動エネルギー積分を求めよ．計算には次の積分公式を用いるとよい．

$$\int_0^\infty \exp(-ax^2)\, dx = \frac{1}{2}\sqrt{\frac{\pi}{a}}$$

$$\int_0^\infty x^{2n} \exp(-ax^2)\, dx = \frac{1 \cdot 3 \cdot 5 \cdots (2n-1)}{2^{n+1} a^n}\sqrt{\frac{\pi}{a}}$$

- [4] 基底関数の選択は計算精度に影響を及ぼす．もちろん，多くの個数の基底関数が使えれば問題ないが，計算のコストを考えるとそうはいかない．コンピュータの制限が許す限り，自分の見たい現象をうまく記述できる基底関数を選んでおくことが重要である．計算で必要になる基底関数の個数をあらかじめ数えておくと，おおよその計算時間を見積もることが可能である．
    (1) ベンゼンに対してSTO-6Gを使ったときの基底関数の個数はいくつか．
    (2) 同様に6-31G(d, p)を使ったときの基底関数の個数はいくつか．
- [5] 電子親和力に関するクープマンスの定理を示せ．

第6章 電子相関

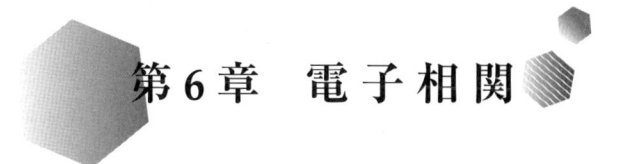

前章で勉強したハートリー-フォック法は，多くの分子計算において定性的な議論をするのに十分な精度をもっている方法である．しかしながら，ハートリー-フォック法は一つの電子だけに着目した方法であるので，例えば電子どうしの衝突のような効果は含まれない．定量的な議論をするためには，ハートリー-フォック法をこえて，電子相関を考慮しなければならない．この章では，実際の分子計算においてどれほど電子相関が重要であるか理解していこう．また，電子相関を取り扱う方法についても勉強しよう．

6.1 電子相関

ハートリー-フォック法は，多くの分子に対して全エネルギーの99%以上を見積もることができる．残りの誤差は1%である．それならばハートリー-フォック近似で十分だと考えるかもしれない．しかしながら，化学で問題とするのは多くの場合，全エネルギーのような絶対値ではない．化学反応の活性化エネルギーや反応熱，イオン化エネルギーや電子親和力のような相対値である．何かと何かの差である．例えば，活性化エネルギーは反応物と遷移状態のエネルギー差であるし，イオン化エネルギーは中性状態とカチオン状態の原子や分子のエネルギー差である．このようなエネルギーの差のオーダーは，ハートリー-フォック法の誤差と同じ程度の大きさである．多くの場合，ハートリー-フォック法の誤差を無視することはできない．ハートリー-フォック法で見積もることのできないこの誤差が**電子相関** (electron correlation）である．式で書くと，

$$E_{\text{Corr}} = E_{\text{Exact}} - E_{\text{HF}} \tag{6.1}$$

であり，E_{Corr} は**電子相関エネルギー**と呼ばれる．E_{Exact} と E_{HF} はそれぞれ原子・分子に対する正確なエネルギーとハートリー–フォック法の極限でのエネルギーである．

　ハートリー–フォック法で導入した近似をもう一度見直すことで，電子相関の起源を理解していこう．ハートリー–フォック法は，一つの電子に着目して，その電子は原子核と他の電子の作る平均場の中を運動しているという描像をもっていた．二つ以上の電子がお互いに衝突したり，散乱したりするような効果は含まれていない．電子相関の起源の一つは，ハートリー–フォック法がこの独立粒子モデルに基づいていることに由来する．独立粒子モデルでは表現できない電子相関を特に**動的電子相関**（dynamical electron correlation）と呼んでいる．

　次に，水素分子を閉殻ハートリー–フォック法で記述することを具体的に考えてみよう．水素分子では，一つの空間軌道に二つの電子をペアでつめることになる．平衡核間付近では十分いい近似である．水素分子が解離した場合を考えよう．実際には，水素原子として解離した状態がエネルギー的に安定になるはずである．しかしながら，閉殻ハートリー–フォック法では二つの水素原子の分子軌道のうち，どちらか片方に二つの電子が入って，もう片方には電子が入らないイオン化した状態しか得られない．これは，ハートリー–フォック法では波動関数を一つのスレーター行列式を使って近似したことに由来する．このような近似に由来した電子相関のことを**静的電子相関**（static electron correlation）という．いくつかの電子状態がエネルギー的に近くて，擬縮退しているような場合にみられる電子相関である．

表 6.1 水分子の全エネルギー，安定構造，調和振動数

	基底関数	全エネルギー (au)	OH距離 (Å)	HOH角 (°)	変角 (cm^{-1})	伸縮 (cm^{-1})	逆伸縮 (cm^{-1})
HF	STO-6G	−75.681200	0.9863	100.0	2161	4351	4101
	6-31G	−75.985359	0.9496	111.5	1737	4145	3989
	6-31G(d)	−76.009341	0.9475	105.7	1826	4175	4056
	6-31G(d, p)	−76.023125	0.9427	106.1	1769	4271	4153
	cc-pVDZ	−76.027054	0.9463	104.6	1776	4213	4114
	cc-pVTZ	−76.057770	0.9406	106.1	1752	4228	4127
	cc-pVQZ	−76.065519	0.9396	106.3	1750	4230	4130
CCSD(T)	cc-pVQZ	−76.359798	0.9578	104.1	1658	3953	3846
実験		−	0.9572, 0.9578	104.5	1649	3943	3832

6.2 分子に対する電子相関効果

分子に対する電子相関の効果を具体的にみてみよう．表 6.1 には，基底関数のレベルをかえてハートリー–フォック法で計算した水分子の全エネルギー，安定構造，調和振動数を示してある．基底関数のレベルは表の下にいくほど高くなる．基底関数のレベルが高くなるほど，ハートリー–フォックエネルギーは低くなっている．基底関数に対して変分空間が拡がるためである．安定構造と調和振動数に着目してみよう．基底関数のレベルが高くなっていっても，必ずしも実験値との一致がよくなってはいない．表には電子相関法の一つであるクラスター展開法 (CCSD(T)) の結果が示してある．電子相関を考慮することで実験値との一致がよくなっている様子がわかるだろう．

次に，分子のプロパティをみてみよう．表 6.2 は一酸化炭素 (CO) 分子の双極子モーメントの結果である．正の双極子モーメントは C^-O^+ の分極に対応することにしておく．実験では炭素が負極になる．原子の電気陰性度から予測すると，酸素のほうが炭素よりも電気陰性度が大きいので，酸素が負

表 6.2　一酸化炭素分子の双極子モーメント

	基底関数	双極子モーメント (D)
HF	STO-3G	0.1244
	cc-pVQZ	−0.1374
CCSD	cc-pVQZ	0.0788
実験		0.112 (±0.005)

極になるように思える．実験値の符号は，この予測とは反対である．計算も難しいことが予想できるだろう．表の上の二つはハートリー–フォック法の結果である．STO-3G は最小基底の結果であり，cc-pVQZ は大きな基底関数の結果を表している．最小基底の結果は実験値とよく一致していて，正しい符号を与えている．しかしながら，より大きな基底関数を用いると，ハートリー–フォック法では分極の向きを正しく再現できない．表にはクラスター展開法 (CCSD) の結果も示してある．電子相関を適切に取り込むことで分極の向きを正しく再現しており，実験値との一致もよくなっている．

　単純な分子の計算でも電子相関が重要であることが理解できただろう．電子相関は多くの場合，分子計算をする際に無視することはできない．

6.3　電子相関法

　電子相関を実際の分子計算で取り扱うにはどうしたらいいだろうか．物性物理では固体の電子相関を考慮するためにもっぱら密度汎関数法が用いられてきたが，量子化学では多くのアプローチの仕方が考えられている．ここでは，現在よく用いられている電子相関法を紹介しておこう．

　6.1 節で述べたように，電子相関の起源には動的電子相関と静的電子相関がある．各々の電子相関に対して，異なった処方箋が施される．動的な電子相関を考慮する方法としては，伝統的に三つの電子相関法が用いられている．**配置間相互作用** (configuration interaction, CI) **法**，**摂動** (perturbation) **法**，

6.3 電子相関法

クラスター展開 (coupled cluster, CC) 法であり，ポストハートリー−フォック法と呼ばれている．ハートリー−フォック波動関数から出発して動的電子相関を考慮する電子相関法を，総じて**単参照** (single-reference) **電子相関法**と呼ぶ．静的電子相関を考慮するためには，ハートリー−フォック法のかわりに CASSCF 法に代表される**多配置 SCF** (multi-configuration SCF, MCSCF) **法**が有用である．動的電子相関と静的電子相関の両方を取り扱うには，多配置 SCF 法を使って静的電子相関を考慮しておいて，CI 法，摂動法，クラスター展開法のいずれかで動的電子相関を取り込めばいい．このようなアプローチは**多参照** (multi-reference) **電子相関法**と呼ばれる．

個々のポストハートリー−フォック法の概略は次節以降で説明することにして，まず大雑把にポストハートリー−フォック法を概観しておこう．表 6.3 には，水分子の二つの OH 距離 (R_e) を平衡核間距離から伸ばしていったときの，いくつかの単参照電子相関法と多参照電子相関法のエネルギーの厳密解からの差が示してある．ちょっと眺めるだけでいくつかのことがわかるだろう．OH 距離が平衡核間距離から伸びていくに従って，単一参照関数法では厳密解との誤差が大きくなっている．それに比べ，多参照関数法では誤差はほぼ一定である．また，同じ電子励起を考慮した単一参照関数法の中で比べると，クラスター展開法が，厳密解との誤差が一番小さくなっている．加えて，CI 法では方法のレベルがあがるのにつれて結果は改善されているが，摂動法では必ずしもそうはなっていない．

これらの伝統的な非経験的な分子軌道法に基づく電子相関法に加え，1980 年代から電子相関を考慮する方法として，**密度汎関数法** (density functional theory) が化学の分野でも盛んに用いられるようになっている．波動関数ではなく，電子密度に基づく平均場ポテンシャルを利用したコーン−シャム (Kohn-Sham) 方程式を解く電子相関法である．ポープル (Pople)，ベッケ (Becke) をはじめとする多くの量子化学者の努力の賜物である．現在，密度汎関数法は理論家だけではなく，多くの実験化学者にも用いられるように

表 6.3 水分子の厳密解との誤差 (10⁻³ au 単位)

	R_e	$R_e \times 1.5$	$R_e \times 2.0$
HF	148.03	210.99	310.07
単参照電子相関法			
CI 法			
CISD	7.85	22.41	249.67
CISDT	6.71	18.68	49.72
CISDTQ	0.26	1.10	4.35
摂動法			
MP2	8.55	19.94	52.79
MP3	7.16	25.13	70.45
MP4	0.99	6.13	16.40
クラスター展開法			
CCSD	1.69	5.19	3.79
CCSDT	0.45	1.47	5.57
多参照電子相関法			
MCSCF	60.80	61.88	61.20
MRMP	5.67	1.19	1.33
MRCISD	2.06	2.25	1.10
MRCCSD	0.05	0.55	0.75

平尾公彦, 化学, 51 巻, 6 号 (1996) から改変して引用.

なっている. そこで, 6.9 節では密度汎関数法の基礎について少し詳しく説明してみよう.

6.4 ポスト ハートリー-フォック法

ハートリー-フォック方程式を解くと, 占有軌道のほかに副産物として仮想軌道が得られることを 5.7 節で勉強した. ハートリー-フォック法では, 仮想軌道はそのエネルギー計算にまったく寄与しない. ポスト ハートリー-フォック法に共通する考え方は, 電子相関を考慮するための空間として, 仮想軌道を用いることである. ハートリー-フォック配置以外に, 占有軌道から仮想軌道へ電子を励起させた電子配置を考えることができる. それに対応

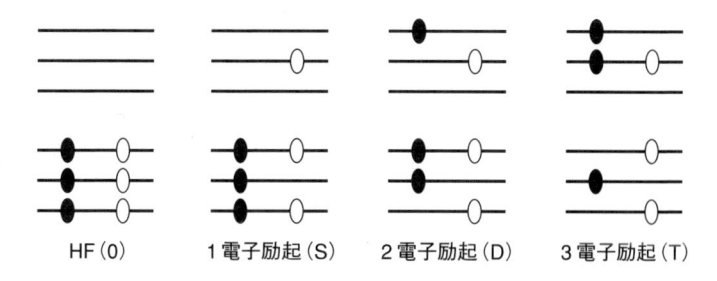

図6.1 ハートリー–フォック配置と励起配置

したスレーター行列式あるいは**配置関数**(configuration function)を作ることができ，電子相関を考慮するために用いる空間を拡げることができる．図6.1 に，ハートリー–フォック配置とそこからの励起配置を示してある．十分な仮想軌道があれば，n 電子系なら n 電子励起配置まで考えることができる．あとで便利なように，ハートリー–フォック配置，1電子，2電子，3電子，4電子，… の励起配置に対して，$\varPhi_0, \varPhi_S, \varPhi_D, \varPhi_T, \varPhi_Q, \cdots$ という記号をそれぞれ使おう．また，それらに対応させて，0, S, D, T, Q, … 配置とそれぞれ名づけておく．原理的には，すべての励起配置を考慮すれば，用いている基底関数の空間内で電子相関を厳密に取り扱うことができる．しかしながら，容易に想像できるように，励起配置の数が増えれば，それに増して大変な計算になっていく．考えている系がハートリー–フォック近似でよく表現できていて，電子相関の効果がそれに比べて十分小さい場合は，ハートリー–フォック配置と低次の電子励起配置だけを考慮して計算すればいい．

6.5 配置間相互作用法

ポストハートリー–フォック法について個々にみていこう．CI 法は第3章で勉強した変分法を電子相関の問題に適用した方法である．CI 法では配置関数 $\varPhi_I$ の線形結合として波動関数を表現する．

$$\Psi_{\text{CI}} = \sum_{I}^{0,\,S,\,D,\,\cdots} C_I \Phi_I \qquad (6.2)$$

1電子励起させた励起配置のみを考慮した CI 法を CIS, 2電子励起配置まで考慮した CI 法を CISD というふうに呼ぶ. CI 法は変分法に基づいているので, 考慮する励起配置が多くなればなるほど厳密な解に近づいていく. 考えられるすべての励起配置を考慮した CI 法は Full CI 法と呼ばれ, 与えられた基底関数内での厳密な電子相関の結果を与える. 表 6.3 で与えた厳密解は Full CI 法によって計算された結果である. もちろん, Full CI 計算ができれば, 電子相関の問題を取り扱うのは難しくない. しかしながら, すでに述べたように, 考慮する励起配置の数が増えれば, そのぶん計算は大変になる. Full CI 法はすべての励起配置を考慮するため, 小さな分子にしか適用できない.

CI 法の解き方をみていこう. 式 (6.2) 中の C_I は CI 係数で, リッツの変分法を用いてエネルギー E_{CI} が低くなるように決定する.

$$\begin{aligned} E_{\text{CI}} &= \frac{\langle \Psi_{\text{CI}} | \hat{H} | \Psi_{\text{CI}} \rangle}{\langle \Psi_{\text{CI}} | \Psi_{\text{CI}} \rangle} \\ &= \frac{\sum_{I,J}^{0,\,S,\,D,\,\cdots} C_I^* C_J H_{IJ}}{\sum_{I,J}^{0,\,S,\,D,\,\cdots} C_I^* C_J S_{IJ}} \end{aligned} \qquad (6.3)$$

ここで,

$$H_{IJ} = \langle \Phi_I | \hat{H} | \Phi_J \rangle \qquad (6.4)$$

$$S_{IJ} = \langle \Phi_I | \Phi_J \rangle \qquad (6.5)$$

であり, H_{IJ} はハミルトン行列要素と呼ばれる. これまでに何度もでてきたように,

$$\sum_J (H_{IJ} - E_{\text{CI}} S_{IJ}) C_J = 0 \qquad (6.6)$$

を解くことになる．この方程式を解くためには，途方もない数のハミルトン行列要素を計算しなければならないように思える．しかしながら，多くのハミルトン行列要素は，実際には0である．ハミルトン演算子はたかだか1電子演算子と2電子演算子からなっていることに由来して，3電子励起以上異なる励起配置間のハミルトン行列要素は0となる．例えば，H_{0T} や H_{S0} のような要素は0である．また，導出は演習問題にまわすが，ハートリー–フォック配置と1電子励起配置の間のハミルトン行列要素も0となる．

$$H_{0S} = H_{S0} = 0 \tag{6.7}$$

これは**ブリルアン**（Brillouin）**の定理**と呼ばれている．

6.6 摂動法

CI法が変分法に基づいているのに対し，摂動法は第3章で説明した摂動法を電子相関法として用いる方法である．3.3節で勉強したことを思い出そう．わかっている結果を使って，真の波動関数 Ψ とそのエネルギー E を逐次的に求めていくのが摂動法であった．摂動法では，ハミルトン演算子 $\hat{H}$ を無摂動ハミルトン演算子 $\hat{H}^{(0)}$ と摂動項 $\hat{V}^{(1)}$ に分割した．

$$\hat{H} = \hat{H}^{(0)} + \hat{V}^{(1)} \tag{6.8}$$

いろいろな分割の仕方が考えられるだろう．できるだけ少ない逐次近似で真の解に近づく分割が望ましい．電子相関に対する摂動法として，最もよく用いられている分割の仕方は**メラー–プレセット**（Møller-Plesset）**摂動法**である．メラー–プレセット摂動法では，無摂動ハミルトン演算子 $\hat{H}^{(0)}$ として，式(5.67)で与えたフォック演算子 $\hat{F}(i)$ の和を用いる．

$$\hat{H}^{(0)} = \sum_i \hat{F}(i) \tag{6.9}$$

詳細は省略するが，メラー–プレセット摂動法では，0次エネルギーと1次摂動エネルギーの和はハートリー–フォックエネルギーになる．

$$E_{\text{HF}} = E^{(0)} + E^{(1)} \tag{6.10}$$

つまり，電子相関のエネルギーは 2 次の項から現れてくることになる．第 3 章の式 (3.37) から，エネルギーに対する 2 次の寄与は，

$$E^{(2)} = \sum_{I}^{D} \frac{V_{0I}^{(1)} V_{I0}^{(1)}}{E_0^{(0)} - E_I^{(0)}} \tag{6.11}$$

$$V_{0I}^{(1)} = \langle \varPhi_0 | \hat{V}^{(1)} | \varPhi_I \rangle \tag{6.12}$$

で与えられる．$\varPhi_0$ をハートリー–フォック配置にした場合，式 (6.11) の和は 2 電子励起配置のみ考慮すればいいことに注意しよう．式 (6.11) の分母の 0 次エネルギーと式 (6.12) の行列要素は，分子軌道積分と軌道エネルギーを使って書くことができる．制限付きハートリー–フォック法からスタートした場合，2 次の摂動エネルギーは，

$$\boxed{E^{(2)} = -\sum_{i,j}^{\text{occ}} \sum_{a,b}^{\text{vir}} \frac{(ai|bj)\,[\,2(ia|jb) - (ib|ja)\,]}{\varepsilon_a + \varepsilon_b - \varepsilon_i - \varepsilon_j}} \tag{6.13}$$

となる．ここで，i と j のラベルは占有軌道，a と b は仮想軌道を表す．また，ε_i などは軌道エネルギーで，分子軌道積分は，

$$(ia|jb) \equiv \int \phi_i^*(\mathbf{r}_1)\,\phi_a(\mathbf{r}_1)\,\frac{1}{r_{12}}\,\phi_j^*(\mathbf{r}_2)\,\phi_b(\mathbf{r}_2)\,d\mathbf{r}_1 d\mathbf{r}_2 \tag{6.14}$$

で定義される．この 2 次のメラー–プレセット摂動法のことを MP2 法と呼ぶ．さらに高次の 3 次，4 次，… のメラー–プレセット摂動法も導出でき，同じように MP3，MP4，… と呼ばれる．

6.7 クラスター展開法

クラスター展開法の波動関数は，

$$\boxed{\varPsi_{\text{CC}} = \exp(\hat{S})\,\varPhi_0} \tag{6.15}$$

の形で与えられる．波動関数を作る演算子として指数関数を用いるのが特徴である．ここで，

$$\hat{S} = \hat{S}_1 + \hat{S}_2 + \cdots \tag{6.16}$$

であり，$\hat{S}_1, \hat{S}_2, \cdots$ は，1電子，2電子，$\cdots$ 励起の電子配置を生成させる演算子である．これらの演算子の中には，クラスター展開法の変数である展開係数を含んでいることには注意しておこう．同じような書き方をすると，式 (6.2) で与えた CI 波動関数は，

$$\boxed{\Psi_{\mathrm{CI}} = (1 + \hat{C})\Phi_0} \tag{6.17}$$

$$\hat{C} = \hat{C}_1 + \hat{C}_2 + \cdots \tag{6.18}$$

のように書くことができる．ただし，ここでは，式 (6.15) のクラスター展開法の波動関数に対応させて，ハートリー–フォック配置 Φ_0 が規格化されている形に書き直している．ここで使った規格化を**中間規格化** (intermediate normalization) といい，式で書いておくと，

$$\langle \Phi_0 | \Phi_0 \rangle = \langle \Phi_0 | \Psi_{\mathrm{CC}} \rangle = \langle \Phi_0 | \Psi_{\mathrm{CI}} \rangle = 1 \tag{6.19}$$

である．$\hat{C}_1, \hat{C}_2, \cdots$ は，CI 係数を含んだ 1 電子，2 電子，$\cdots$ 励起の生成演算子である．

$\hat{S}$ 演算子として 2 電子励起まで考慮したクラスター展開法を CCSD，3 電子励起まで考慮すると CCSDT というふうに呼ぶ．3 電子励起の寄与を摂動法から見積もるクラスター展開法もよく用いられている．この方法は CCSD(T) と呼ばれて，CCSDT と比べて低い計算コストで計算することができ，多くの分子において高精度な計算結果を与える．

式 (6.15) の指数関数をテイラー (Taylor) 展開してみよう．

$$\begin{aligned}\Psi_{\mathrm{CC}} &= \left(1 + \hat{S} + \frac{1}{2}\hat{S}^2 + \frac{1}{3!}\hat{S}^3 + \cdots\right)\Phi_0 \\ &= \left[1 + (\hat{S}_1 + \hat{S}_2 + \cdots) + \frac{1}{2}(\hat{S}_1 + \hat{S}_2 + \cdots)^2 + \cdots\right]\Phi_0\end{aligned} \tag{6.20}$$

式 (6.17) の CI 波動関数と比較すると，クラスター展開法では $\frac{1}{2}(\hat{S}_1+\hat{S}_2+\cdots)^2$ 以降の項が余計に現れてくることがわかるだろう．例えば CISD と CCSD のように，$\hat{C}$ 演算子と $\hat{S}$ 演算子に対して同じ電子励起まで考慮した CI 法とクラスター展開法の展開係数の数は同じである．つまり，クラスター展開法は CI 法と同じ数の変数で，より多くの励起配置を考慮することができるので，CI 法よりも高い精度の結果が得られる．

6.8 多配置 SCF 法

多配置 SCF 法は，基本的には静的な電子相関を取り扱う方法である．ハートリー–フォック法は一つのスレーター行列式を用いて波動関数を表現した．6.1 節で説明したように，ハートリー–フォック法では，例えば，水素分子が水素原子に解離した電子状態を正しく表現することができない．このような欠点を解消するためには，いくつかのスレーター行列式を使って波動関数を表現すればいいだろう．これが多配置 SCF 法の基本的な考え方である．多配置 SCF 法の波動関数は，

$$\Psi_{\mathrm{MC}} = \sum_I A_I \Phi_I \tag{6.21}$$

のように，CI 展開を用いる．A_I がその展開係数である．配置関数 Φ_I としては，考えている系を表現することができるであろうと思われる電子配置をあらかじめ選んでおく．CI 法と同じように，変分法を用いて展開係数を決定する．多配置 SCF 法では，分子軌道も SCF 計算により同時に求める．ハートリー–フォック法と比べると，ずっと計算が難しくなることがわかるだろう．

多配置 SCF 法では，配置関数の選び方に多くの選択の余地がある．現在最もよく用いられている多配置 SCF 法は CASSCF 法である．CASSCF 法では，価電子軌道付近の分子軌道を用いて，その中で電子励起させることで

考えられるすべての配置を配置関数とする．選んだ分子軌道の空間は**活性空間** (active space) と呼ばれる．

6.9 密度汎関数法

伝統的な量子化学の電子相関へのアプローチは，波動関数に基づいて電子相関を考慮する．それに対し，**密度汎関数法** (density functional theory, **DFT**) では，波動関数ではなく電子密度から出発する．このような取り扱いが可能になる背景には，**ホーヘンベルグ-コーン** (Hohenberg-Kohn) **の定理**と呼ばれる基本定理が存在する．

ホーヘンベルグ-コーンの定理は二つの定理からなっている．一つは存在定理であって，「縮退のない場合，基底状態の全エネルギー E_0 は，電子密度 $\rho(\mathbf{r})$ により一義的に決定することができる」というものである．「基底状態の全エネルギー E_0 と電子密度 $\rho(\mathbf{r})$ の間には 1 対 1 の対応関係がある」と言いかえてもいい．証明は非常に簡単である．背理法を用いればいい．この定理から，全エネルギー E は電子密度 $\rho(\mathbf{r})$ の関数になることがわかる．$\rho(\mathbf{r})$ も位置 $\mathbf{r}$ の関数であるから，E は $\rho(\mathbf{r})$ という関数を変数とする関数である．これを $E[\rho(\mathbf{r})]$ というふうに書いておこう．関数を変数とする関数のことを一般に**汎関数** (functional) という．もう一つの定理は変分原理であり，「基底状態の全エネルギー $E[\rho(\mathbf{r})]$ は，$\rho(\mathbf{r})$ に関して最小化することにより得られる」という定理である．

ホーヘンベルグ-コーンの定理が述べていることは非常にシンプルである．しかしながら，密度汎関数法のアプローチは多電子系のシュレーディンガー方程式を解くのと等価であり，原理的には厳密に電子相関を見積もることができる．つまり，密度汎関数法では，エネルギー汎関数

$$E[\rho] = T[\rho] + V_{\text{ext}}[\rho] + V_{\text{ee}}[\rho] \qquad (6.22)$$

に基づき，電子相関を考慮した正確な電子状態を記述することが原理的に可

能になる．右辺の第1項，第2項，第3項はそれぞれ運動エネルギー，外場ポテンシャルエネルギー，電子間相互作用エネルギーの項を表し，3項とも$\rho(\mathbf{r})$の汎関数である．原理的にと書いたのにはわけがある．正確な電子状態が求まるのは，エネルギーと電子密度の間の対応関係を正確に表す汎関数がわかっている場合に限られる．残念ながら，そのような汎関数の形はわかっていない．なんらかの近似に基づいた汎関数を使うことになる．

トーマス (Thomas) とフェルミ (Fermi) はそれぞれ独立にトーマス-フェルミモデルと呼ばれるエネルギー汎関数の形を提案した．

$$E_{\mathrm{TF}}[\rho] = T_{\mathrm{TF}}[\rho] + V_{\mathrm{ne}}[\rho] + J[\rho] \tag{6.23}$$

$T_{\mathrm{TF}}[\rho]$は運動エネルギー汎関数，$V_{\mathrm{ne}}[\rho]$は原子核-電子間のポテンシャルエネルギー汎関数，$J[\rho]$は電子間クーロンエネルギー汎関数である．

$$T_{\mathrm{TF}}[\rho] = \frac{3}{10}(3\pi^2)^{2/3} \int \rho^{5/3}(\mathbf{r})\, d\mathbf{r} \tag{6.24}$$

$$V_{\mathrm{ne}}[\rho] = \sum_A \int \frac{Z_A \rho(\mathbf{r})}{|\mathbf{r} - \mathbf{R}_A|}\, d\mathbf{r} \tag{6.25}$$

$$J[\rho] = \frac{1}{2} \iint \frac{\rho(\mathbf{r})\rho(\mathbf{r}')}{|\mathbf{r} - \mathbf{r}'|}\, d\mathbf{r}d\mathbf{r}' \tag{6.26}$$

式 (6.23) のトーマス-フェルミモデルに，ディラックの交換エネルギー汎関数

$$K_{\mathrm{D}}[\rho] = -\frac{3}{4}\left(\frac{3}{\pi}\right)^{1/3} \int \rho^{4/3}(\mathbf{r})\, d\mathbf{r} \tag{6.27}$$

を加えたものはトーマス-フェルミ-ディラックモデルと呼ばれる．

$$E_{\mathrm{TFD}}[\rho] = T_{\mathrm{TF}}[\rho] + V_{\mathrm{ne}}[\rho] + J[\rho] + K_{\mathrm{D}}[\rho] \tag{6.28}$$

$V_{\mathrm{ne}}[\rho]$と$J[\rho]$は古典的な項であるのに対し，$T_{\mathrm{TF}}[\rho]$と$K_{\mathrm{D}}[\rho]$は相互作用のない一様電子モデルから得られた非古典的な汎関数である．われわれが取り扱う原子や分子を一様電子モデルで表現するのは，いささか近似しすぎである．事実，トーマス-フェルミ (-ディラック) モデルは，原子の全エネ

ルギーを 15 % から 50 % 程度低く見積もってしまう.また,分子が原子にばらばらに解離したほうが安定になり,分子の生成を記述することもできない.

1965 年にコーンとシャムによって導入された近似により,密度汎関数法は実用上有用な方法となった.コーンは一連の密度汎関数法の発展により 1998 年にノーベル化学賞を受賞している.現在の密度汎関数法計算の多くは**コーン-シャム近似**に基づいた計算であるので,ここでは,コーン-シャム密度汎関数法について詳しく説明することにしよう.トーマス-フェルミ(-ディラック)モデルの悪さは,運動エネルギー汎関数の近似の悪さに由来する.コーンとシャムは,運動エネルギーの項を正確に,かつ簡単に計算できる形にしてしまって,残った部分を全部,**交換相関エネルギー汎関数**(exchange correlation functional),あるいは単に**交換相関汎関数**と呼ぶ新たな項に押し込めてしまおうと考えた.さらに,式 (6.22) の電子間相互作用エネルギーの項も,簡単に計算できる電子間クーロンエネルギーで近似して,残った部分は,運動エネルギー項と同様に全部,交換相関項に押し込める.コーン-シャム近似における運動エネルギー項は,**コーン-シャム軌道**と呼ばれる軌道 φ_i を導入して,

$$T_{\mathrm{KS}}[\rho] = \sum_i^N \left\langle \varphi_i \left| -\frac{1}{2}\nabla^2 \right| \varphi_i \right\rangle \tag{6.29}$$

とする.ハートリー-フォック法の運動エネルギー項と同じ形をしている.電子密度は,コーン-シャム軌道を使って,

$$\rho(\mathbf{r}) = \sum_i^{N_{\mathrm{occ}}} |\varphi_i(\mathbf{r})|^2 \tag{6.30}$$

で与えられる.コーン-シャム近似ではハートリー-フォック軌道と同じように,コーン-シャムスピン軌道は,1 個の電子で占有された占有スピン軌道と 1 個も電子が入っていない仮想スピン軌道にわけることができる.式 (6.30) の和は,電子のつまっているコーン-シャム軌道についてとる.コーン-シャ

ム密度汎関数法におけるエネルギー汎関数は，

$$E_{\text{KS}}[\rho] = T_{\text{KS}}[\rho] + V_{\text{ne}}[\rho] + J[\rho] + E_{\text{XC}}[\rho] \qquad (6.31)$$

の形になる．$V_{\text{ne}}[\rho]$ と $J[\rho]$ は，トーマス-フェルミ(-ディラック)モデルで与えた式 (6.25)，式 (6.26) とそれぞれ同じである．$E_{\text{XC}}[\rho]$ が交換相関エネルギー汎関数である．交換相関汎関数は式で書くと，その作り方から，

$$E_{\text{XC}}[\rho] = (T[\rho] - T_{\text{KS}}[\rho]) + (V_{\text{ee}}[\rho] - J[\rho]) \qquad (6.32)$$

となる．

 式 (6.32) からもわかるように，コーン-シャム密度汎関数法における交換相関汎関数の厳密な形というのは到底わかるようには思えない．いろいろな近似を導入しながら，多くの汎関数の形や精度を高めるアプローチがこれまでに考えられている．最も単純な交換相関汎関数の形は，一様電子ガスモデルから導出された**局所密度近似** (local density approximation, **LDA**) に基づいた汎関数である．トーマス-フェルミ(-ディラック)モデルを説明したときにも述べたが，原子や分子の電子密度が一様であるとするのには無理がある．そこで，LDA をこえた汎関数が開発されている．現在，量子化学計算で用いられている汎関数の多くは，**一般化された密度勾配近似** (generalized gradient approximation, **GGA**) を導入した汎関数である．電子密度の勾配の効果を考慮することにより，汎関数の精度を高めていくアプローチである．GGA 型交換相関汎関数として多くの形が提案されているが，ここでは，それらの一つ一つについて紹介することはしない．汎関数の名前のつけ方だけを示しておこう．交換相関汎関数は交換汎関数と相関汎関数にわけて開発されてきたので，汎関数に対する名前は交換汎関数＋相関汎関数というふうに組み合わせて呼ぶのが通例である．例えば，BLYP という交換相関汎関数は，Becke (B) によって提案された交換汎関数と Lee-Yang-Parr (LYP) による相関汎関数の組み合わせである．現在最もよく用いられている交換相関汎関数は B3LYP と呼ばれる汎関数である．これは BLYP に加えて，ハートリー-フォック交換項を混ぜた汎関数である．

6.9 密度汎関数法

$$E_{\text{XC}}^{\text{B3LYP}} = (1-a)E_{\text{X}}^{\text{LDA}} + aE_{\text{X}}^{\text{HF}} + b\Delta E_{\text{X}}^{\text{B}} + (1-c)E_{\text{C}}^{\text{LDA}} + c\Delta E_{\text{C}}^{\text{LYP}} \quad (6.33)$$

ここで，$E_{\text{X}}^{\text{LDA}}$ と $E_{\text{C}}^{\text{LDA}}$ はそれぞれ LDA の交換項と相関項で，$\Delta E_{\text{X}}^{\text{B}}$ と $\Delta E_{\text{C}}^{\text{LYP}}$ はそれぞれ GGA の交換項と相関項を表す．E_{X}^{HF} がハートリー–フォック交換項である．a, b, c は，いろいろな分子の実験値を再現するように決定されたパラメータで，通常は $a = 0.20$，$b = 0.72$，$c = 0.81$ が用いられている．このような，ハートリー–フォック交換項を混ぜた汎関数のことを**混成 (hybrid) 汎関数**といい，多くの分子系において GGA よりも優れた結果を与えることがわかっている．

密度汎関数法の計算の仕方をみていこう．解くべき方程式を先に示しておくと，

$$\boxed{\hat{F}_{\text{KS}}\varphi_i = \varepsilon_i \varphi_i} \quad (6.34)$$

$$\boxed{\hat{F}_{\text{KS}} = \hat{h} + \sum_j^n \hat{J}_j + \hat{v}_{\text{XC}}} \quad (6.35)$$

である．この方程式のことを**コーン–シャム方程式**という．また，$\hat{F}_{\text{KS}}$ を**コーン–シャム演算子**と呼ぶ．$\hat{v}_{\text{XC}}$ は**交換相関ポテンシャル**であり，電子密度に関する交換相関エネルギーの微分

$$\hat{v}_{\text{XC}}(\mathbf{r}) = \frac{\partial E_{\text{XC}}[\rho]}{\partial \rho(\mathbf{r})} \quad (6.36)$$

として定義される．コーン–シャム近似ではコーン–シャム軌道を導入した．コーン–シャム方程式は，一つのコーン–シャム軌道に関する方程式になっている．ハートリー–フォック方程式と同じ形の 1 電子方程式を解くことになる．式 (5.67) で与えたハートリー–フォック方程式のフォック演算子と比較すると，違いはフォック演算子に含まれていた交換積分 $-\sum_j^n \hat{K}_j$ がコーン–シャム演算子では交換相関ポテンシャル $\hat{v}_{\text{XC}}$ になっている点だけである．コーン–シャム方程式の導出の仕方もハートリー–フォック方程式を導出した

ときとなんらかわらない．コーン–シャム軌道の規格直交条件を付加条件として，ラグランジェの未定乗数法を使ってコーン–シャム軌道 φ_i に関してエネルギーを最小化すればいい．コーン–シャム方程式を解いて得られた結果から，コーン–シャム全電子エネルギーは

$$\boxed{E = \sum_i^n h_{ii} + \sum_{i<j}^n J_{ij} + E_{\text{XC}}} \qquad (6.37)$$

で与えられる．

ハートリー–フォック法で導入した基底関数展開もコーン–シャム密度汎関数法に適用することができる．コーン–シャム空間軌道 ψ_i を適当な関数形 χ_p で展開すればいい．

$$\psi_i = \sum_p^N C_{pi}\chi_p \qquad (6.38)$$

ハートリー–フォック–ローターン方程式と同じ形の行列方程式が得られる．閉殻電子系に対してコーン–シャム行列方程式を示しておくと，

$$\boxed{\mathbf{FC} = \mathbf{SC}\varepsilon} \qquad (6.39)$$

$$\boxed{F_{pq} = 2h_{pq} + 2\sum_{r,s}^N D_{rs}(pq|rs) + v_{pq}^{\text{XC}}(\rho)} \qquad (6.40)$$

$$S_{pq} = \langle \chi_p | \chi_q \rangle \qquad (6.41)$$

$$D_{pq} = \sum_i^{N_{\text{occ}}} C_{pi}^* C_{qi} \qquad (6.42)$$

$$\rho(\mathbf{r}) = 2 \sum_{p,q} D_{pq} \chi_p^*(\mathbf{r}) \chi_q(\mathbf{r}) \qquad (6.43)$$

である．$v_{pq}^{\text{XC}}(\rho)$ は交換相関ポテンシャルの行列要素で，

表 6.4 水分子の全エネルギー，安定構造，調和振動数 (cc-pVQZ 基底)

	全エネルギー (au)	OH 距離 (Å)	HOH 角 (°)	変角 (cm^{-1})	伸縮 (cm^{-1})	逆伸縮 (cm^{-1})
HF	−76.065519	0.9396	106.3	1750	4230	4130
MP2	−76.347640	0.9577	104.0	1643	3978	3855
CCSD(T)	−76.359798	0.9578	104.1	1658	3953	3846
SVWN	−76.103540	0.9683	104.8	1558	3843	3735
BLYP	−76.452251	0.9703	104.2	1605	3764	3664
B3LYP	−76.469645	0.9600	105.0	1633	3910	3809
実験	−	0.9572, 0.9578	104.5	1649	3943	3832

$$v_{pq}^{\text{XC}}(\rho) = \langle \chi_p | \hat{v}_{\text{XC}}(\mathbf{r}) | \chi_q \rangle$$
$$= \left\langle \chi_p \left| \frac{\partial E_{\text{XC}}[\rho]}{\partial \rho(\mathbf{r})} \right| \chi_q \right\rangle \quad (6.44)$$

で与えられ，一般には数値積分で計算されることになる．全エネルギーは，

$$E = 2 \sum_{p,q}^{N} D_{pq} h_{pq} + 2 \sum_{p,q}^{N} \sum_{r,s}^{N} D_{pq} D_{rs} (pq|rs) + E_{\text{XC}} \quad (6.45)$$

から計算できる．コーン-シャム方程式の解き方もハートリー-フォック方程式と同様である．式 (6.40) と式 (6.43) をみればわかるように，コーン-シャム方程式はコーン-シャム行列の中の 2 電子項と交換相関ポテンシャル項に密度行列を含んでいるため，SCF の手続きによる繰り返し計算によって解くことになる．

密度汎関数計算の例を示そう．**表 6.4** は，いろいろな電子相関法で計算した水分子の全エネルギー，安定構造，調和振動数である．MP2 は摂動法，CCSD(T) はクラスター展開法の一種である．密度汎関数法として三つの汎関数を使っている．SVWN は局所密度近似で，BLYP は GGA 型汎関数である．混成汎関数として B3LYP を用いている．どのアプローチでも電子相関を考慮することでハートリー-フォック法からの結果が改善されている．概

してCCSD(T)が最も実験値に近い結果を与えているが，密度汎関数法の中ではB3LYPが最もいい結果を与えていることがわかるだろう．これまでみてきたように，コーン-シャム密度汎関数法とハートリー-フォック法の違いは，ハートリー-フォック法のフォック行列に含まれている交換項の部分がコーン-シャム法では交換・相関ポテンシャルに置きかわっている点にある．そのほかに式の上での違いはない．しかしながら，表6.4の結果をみると，密度汎関数法はハートリー-フォック法の結果を大きく改善している様子がわかる．これは，コーン-シャム方程式に含まれる交換・相関ポテンシャルが，（名前のとおり）ハートリー-フォック法の交換項の役割に加えて，十分な電子相関の効果を含んでいるためである．方程式の形から推測できるように，計算に要するコストはハートリー-フォック法とほぼ同等である．これは，他の電子相関法と比べて計算が容易であることを意味する．そのため，密度汎関数法は大規模な分子系を精度よく記述することが可能となる．この例では密度汎関数法として代表的な三つの汎関数を用いた．これは厳密な交換相関汎関数というものが得られていないためであり，そのため密度汎関数法は系統だって結果を改善させることができないという欠点をもつことは注意しておく必要があるだろう．

大規模分子計算

コンピュータの処理速度は18か月ごとに2倍になるといわれている．ムーア（Moore）の法則として知られている経験則である．コンピュータの処理能力は急激に伸びている．このようなコンピュータ技術の進歩に伴い，最近では生体分子やナノマテリアルのような大規模な分子の理論計算が求められている．しかしながら，ハートリー-フォック法や密度汎関数法では，系の大きさをNとすると，計算時間がN^4に比例してかかってしまう．ポストハートリー-フォック法ではさらに大変で，MP2法ではN^5，CISDやCCSDではN^6，CCSD(T)にもなるとN^7もの計算コストが必要である．これでは，

演習問題

いくらコンピュータの処理能力が上がっても大規模な分子の理論計算は不可能である．そこで，何らかの近似を導入することで計算のスケーリングを抑える分子理論が提案されている．

多くの研究グループにより独自の方法が提案されているが，ここではGauss型-有限要素クーロン（GFC）法について紹介しておこう．GFC法は，計算コストのかかるクーロン積分を高速に計算する方法である．クーロン積分を計算する際，通常の分子計算だとGauss型基底を用いてクーロンポテンシャルを計算するが，GFC法ではGauss型関数と有限要素関数の混合基底を用いてクーロンポテンシャルを計算する．有限要素関数は小さな部分として局在した関数で，この性質のため高速なクーロン積分の計算が可能になる．

図は様々な大きさのポリアラニンに対する計算時間をプロットしたものである．従来の方法と比べて，系が大きくなればなるほど，GFC法が効率よくなっている様子がわかる．

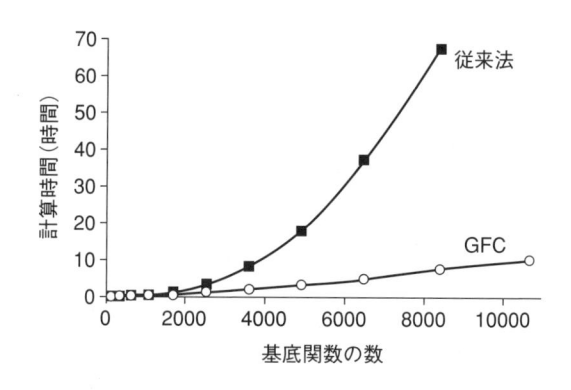

図　GFC法の計算時間

演習問題

[1] 次の文の(1)から(11)の括弧を埋めよ．

　　ハートリー-フォック法は(1)近似とも呼ばれ，個々の電子が独立に分子内を運動しているというイメージをもつ．しかし，実際には電子どうしは，

ある相関をもって分子内を運動していて,独立に振る舞っているわけではない. ハートリー-フォック近似から出発して,この効果を取り入れる問題が(2)である. (2)エネルギーは,厳密解と(3)解との差として通常定義される. (2)は,その性格の違いにより2種類に分類することができる. 一つは(4)な(2)と呼ばれ,主に電子間の(5)に由来する. もう一つは(6)な(2)であり,エネルギーの(7)に伴う電子やスピン結合の組みかえによるものである. (2)の効果を取り扱う分子理論として,(8)法,(9)法,(10)法,(11)法などが知られている.

[2] 下の図はフッ化水素 (HF) 分子のポテンシャルエネルギー曲線を表している. 計算は,ハートリー-フォック法,MP2法,CASSCF法,多参照電子相関法である MRMP2 法を用いている. それぞれの方法はどの曲線に対応するか.

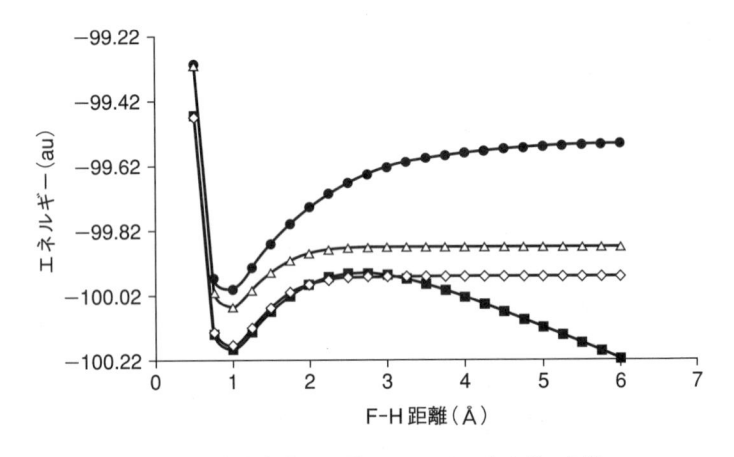

図 フッ化水素分子のポテンシャルエネルギー曲線

[3] 式 (6.7) のブリルアンの定理を証明してみよう. ハートリー-フォック配置 Φ_0 の占有軌道 φ_i から仮想軌道 φ_a へ 1 電子励起させた配置 Φ_i^a を考える.
   (1) Φ_0 と Φ_i^a の間のハミルトン行列要素を分子軌道を使って表現せよ.
   (2) (1)で得られたハミルトン行列要素をフォック演算子を使って表現せよ. そして, Φ_0 と Φ_i^a の間のハミルトン行列要素が 0 になることを示せ.

[4] 式 (6.9) で与えた無摂動ハミルトン演算子 $\hat{H}^{(0)}$ がハートリー-フォック波動

関数 Φ_0 に対し,
$$\hat{H}^{(0)}\Phi_0 = E^{(0)}\Phi_0$$
を満足し,
$$E^{(0)} = \sum_i \varepsilon_i$$
であることを示せ. ここで, ε_i は軌道エネルギーである.

[5] Φ_0 がハートリー–フォック配置の場合, 式 (6.11) の和は 2 電子励起配置のみ考慮すればいいのはなぜか.

[6] 簡単な系に対して摂動法を用いて電子相関を見積もってみよう. STO-3G 基底を用いて H_2 分子を計算する. ハートリー–フォック計算から得られた H_2 分子の分子軌道と軌道エネルギーは,

$$\phi_1 = 0.5489\chi_1 + 0.5489\chi_2 \quad (\varepsilon_1 = -0.5782)$$
$$\phi_2 = -1.2115\chi_1 + 1.2115\chi_2 \quad (\varepsilon_2 = 0.6703)$$

である. ここで, χ_1 と χ_2 は, 二つの水素原子に対する原子軌道である. ハートリー–フォック計算に使った 2 電子積分をすべてあげると次のようになる.

$(\chi_1\chi_1|\chi_1\chi_1) = 0.7746$
$(\chi_2\chi_1|\chi_1\chi_1) = (\chi_1\chi_2|\chi_1\chi_1) = (\chi_1\chi_1|\chi_2\chi_1) = (\chi_1\chi_1|\chi_1\chi_2) = 0.4441$
$(\chi_2\chi_1|\chi_2\chi_1) = (\chi_1\chi_2|\chi_1\chi_2) = (\chi_2\chi_1|\chi_1\chi_2) = (\chi_1\chi_2|\chi_2\chi_1) = 0.2970$
$(\chi_2\chi_2|\chi_1\chi_1) = (\chi_1\chi_1|\chi_2\chi_2) = 0.5697$
$(\chi_2\chi_2|\chi_2\chi_1) = (\chi_2\chi_1|\chi_2\chi_2) = (\chi_2\chi_2|\chi_1\chi_2) = (\chi_1\chi_2|\chi_2\chi_2) = 0.4441$
$(\chi_2\chi_2|\chi_2\chi_2) = 0.7746$

このとき, MP2 法によって電子相関エネルギーを計算せよ.

第7章 化学反応

これまでは，波動方程式をどのように解くかを中心に話をすすめてきた．数値的に解くにしろ，基底関数を使うにしろ，波動方程式を解いて得られる波動関数は一見すると数値の羅列である．しかしながら，その中には系のすべての情報が含まれている．うまく情報を引き出す手段があれば，分子科学の研究においてこれほど有用なものはない．この章では，波動方程式を解いて得られた結果を使って，化学反応を理解する方法について勉強していくことにしよう．

7.1 化学反応と反応経路

量子化学が最も威力を発揮するのは化学反応の解明であろう．分子どうしがどうして反応するかとか，化学反応を進行させる推進力は何かを論理的に説明することができる．また，化学反応の遷移状態は実験的にとらえることが難しい．量子化学計算の独壇場である．

分子どうしが近づくにつれて，結合が切れたり，新たな結合ができたりすることで新しい分子が生成する過程が化学反応である．化学反応は，**反応物** (reactant) から出発し，**遷移状態** (transition state) を経由して**生成物** (product) ができる**反応経路** (reaction path) に沿って進行する．反応経路の途中に**反応中間体** (reaction intermediate) と呼ばれる安定状態が存在する場合もある．生成物，反応物，反応中間体のような極小点と遷移状態のような極大点は，すべての原子核の座標 a に関してエネルギーの一次微分が 0

7.1 化学反応と反応経路

になるような状態である．

$$\frac{\partial E}{\partial a} = 0 \tag{7.1}$$

生成物，反応物，反応中間体はポテンシャルエネルギー曲面の中の極小点にあたる．一方，遷移状態は反応経路の中で最もエネルギーが高い状態で極大点である．数学的にいえば，ポテンシャルエネルギー曲面の鞍点にあたる．式 (7.1) で決まるのは定常点であり，極小であるか極大であるかは決まらない．極小値と極大値を判断するのは二次微分である．核座標に関するエネルギーの二次微分がすべて正の場合が，生成物，反応物，反応中間体のような極小点にあたる．それに対し，核座標に関するエネルギーの二次微分の中で1個だけ負の場合が鞍点である遷移状態である（**図7.1**）．

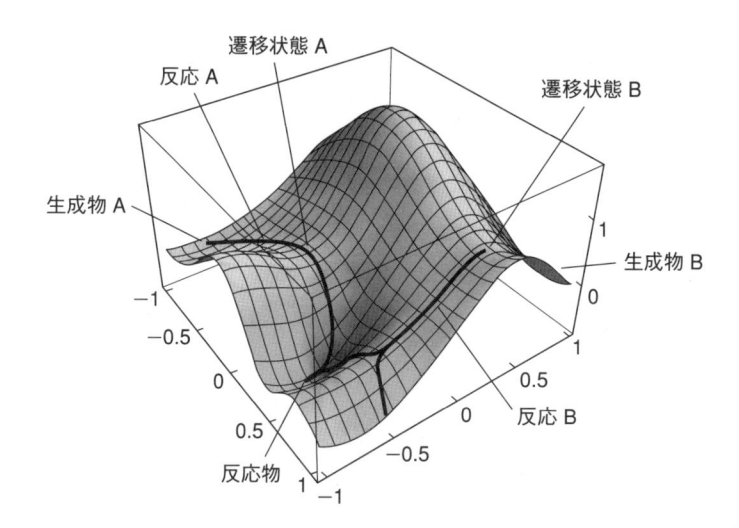

図 7.1 ポテンシャルエネルギー曲面
(Schlegel (www.chem.wayne.edu/faculty/schlegel) を元に改写)

7.2 ウォルシュダイアグラム

化学反応に対する量子化学的なアプローチを説明する前に,関連して**ウォルシュ**(Walsh)**則**について説明しておこう.ウォルシュ則は,分子の安定構造を分子軌道の情報から簡単に見積もる方法である.H_2O や BeH_2 のような3原子分子 AH_2 を考えよう.**図7.2** は,その軌道エネルギーを H–A–H の角度をかえてプロットしたものである.図7.2では,原子 A の内殻軌道である 1s 軌道は除いてある.このような図は**ウォルシュダイアグラム**(Walsh diagram)と呼ばれる.ウォルシュ則では,系の全エネルギーは価電子が占有している軌道エネルギーの和に比例することを仮定する.図7.2のようなウォルシュダイアグラム中の軌道に下から価電子をつめていって,安定な構造を定性的に推測すればいい.例えば,BeH_2 分子は 4 個の価電子をもつので,図7.2の軌道に下から電子を 2 個ずつつめてみると,H–Be–H の

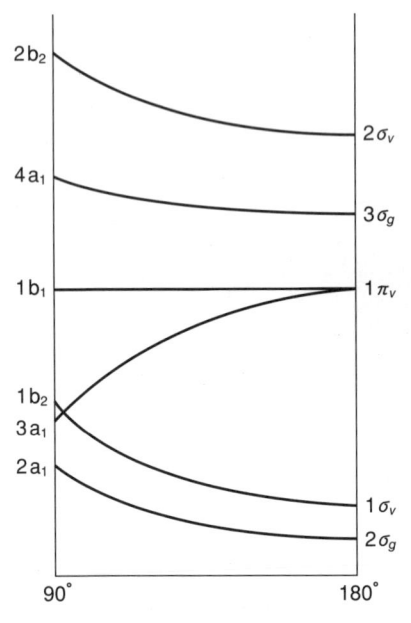

図7.2 AH_2 分子のウォルシュダイアグラム (G. Herzberg, Electronic Spectra and Electronic Structure of Polyatomic Molecules, volume 3 of Molecular Spectra and Molecular Structure. Krieger, Malabar, Florida, reprint edition, 1991)

角度が180°のときが安定であることがわかる．つまり，BeH$_2$は直線型の分子である．また，H$_2$O分子では，酸素の1s軌道を内殻軌道として除いて，価電子は8個であるので，図7.2の軌道に下から2個ずつ電子をつめていく．図7.2の1b$_1$軌道まで電子が入ることになる．1b$_1$軌道の軌道エネルギーはH-O-Hの角度が90°から180°の間でほぼ一定で，この軌道は分子の構造変化に寄与しないことがわかる．1b$_2$, 3a$_1$, 2a$_1$軌道の中で，3a$_1$軌道が最も軌道エネルギーの変化が大きく，90°に近づくにつれて安定化する．つまり，H$_2$O分子は屈曲型の分子であると推測できる．1b$_2$軌道と2a$_1$軌道も3a$_1$軌道ほどではないが軌道エネルギーの変化が大きく，直線型へ安定化させる軌道である．結局，H$_2$O分子は90°よりも大きな結合角をもつ屈曲型分子であることが予想できる．実際，H$_2$O分子のH-O-H角の実験値は104.5°である．

7.3 化学反応の推進力

クロップマン（Klopman）とサレム（Salem）は化学反応に伴うエネルギー変化を次式で表した．

$$\Delta E = -\sum_{r,s}(q_r+q_s)H_{rs}S_{rs} + \frac{1}{2}\sum_{A,B}\frac{Q_A Q_B}{\varepsilon R_{AB}} + \left(\sum_i^{occ}\sum_j^{unocc} - \sum_j^{occ}\sum_i^{unocc}\right)\frac{2\left(\sum_{r,s}C_{ri}C_{sj}H_{rs}\right)^2}{\varepsilon_i - \varepsilon_j} \tag{7.2}$$

ここで，q_rとq_sは原子軌道rとsの電子密度，H_{rs}は共鳴積分，S_{rs}は重なり積分，Q_AとQ_Bは原子Aと原子Bの電子密度，εは局部比誘電率，R_{AB}は原子Aと原子Bの間の距離，C_{ri}とC_{sj}は分子軌道係数，ε_iとε_jは軌道エネルギーである．式(7.2)の右辺の第1項は，二つの分子の占有軌道どうしの相互作用を表す．したがって，この項は反発項であり，化学反応の推進力とはならない．第2項は分子どうしのクーロン相互作用を表している．二つの分

子の片方が正に，もう片方が負に帯電しているとクーロン相互作用は引力的になるので，特にイオン反応を促進する項になる．第3項は，二つの分子間の電荷移動による相互作用を表している．片方の分子の占有分子軌道から，もう片方の分子の空軌道に電子が流れることでエネルギーの安定化が得られる．分子軌道を介する相互作用項である．共有結合の切断と生成を伴う化学反応では，この項が最も重要な項になる．

つまり，化学反応を推進する力には2種類あって，式 (7.2) の右辺の第2項と第3項がそれに相当する．第2項が支配的な場合，その化学反応は**電荷制御** (charge control) であるという．一方，第3項が化学反応において支配的になる場合は，**軌道制御** (orbital control) であるといわれる．

7.4 軌道相互作用

通常の分子の化学反応の多くは軌道制御で反応が進行する．軌道制御を**軌道相互作用**の立場から眺めてみよう．今，二つの分子 A と B が化学反応する場合を考える．このとき，分子 A と分子 B の分子軌道が相互作用してあらたな分子軌道ができる．話を簡単にするため，分子 A の分子軌道 ϕ_A（軌道エネルギー ε_A）と分子 B の分子軌道 ϕ_B（軌道エネルギー ε_B）の二つの分子軌道だけが相互作用して，二つの A-B 系の分子軌道 ϕ_1（軌道エネルギー ε_1）と ϕ_2（軌道エネルギー ε_2）ができるとしよう．ϕ_A と ϕ_B は直交しておらず，重なり積分 S_{AB} をもつと仮定しておく．

$$\langle \phi_A | \phi_B \rangle = S_{AB} \tag{7.3}$$

また，$\varepsilon_A \leq \varepsilon_B$ という条件もつけておく．図示すると，**図 7.3** のようになる．ϕ_1 と ϕ_2 は ϕ_A と ϕ_B の線形結合で表現することができる．

$$\phi_1 = C_{A1}\phi_A + C_{B1}\phi_B \tag{7.4}$$

$$\phi_2 = C_{A2}\phi_A + C_{B2}\phi_B \tag{7.5}$$

ϕ_1 と ϕ_2 を決めてみよう．解くべき方程式は，

7.4 軌道相互作用

図7.3 の図中:
ϕ_2, ε_2
$\Delta_2 = \dfrac{(H_{AB} - S_{AB}\varepsilon_B)^2}{\varepsilon_B - \varepsilon_A}$
ε_B, ϕ_B
$\Delta_{AB} = \varepsilon_B - \varepsilon_A$
ϕ_A, ε_A
$\Delta_1 = \dfrac{(H_{AB} - S_{AB}\varepsilon_A)^2}{\varepsilon_B - \varepsilon_A}$
ϕ_1, ε_1

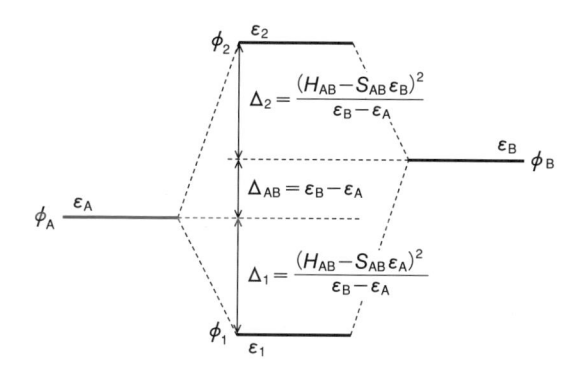

図 7.3 二つの軌道の相互作用

$$(H_{AA} - \varepsilon_1)C_{A1} + (H_{AB} - S_{AB}\varepsilon_1)C_{B1} = 0 \tag{7.6}$$

$$(H_{AB} - S_{AB}\varepsilon_1)C_{A1} + (H_{BB} - \varepsilon_1)C_{B1} = 0 \tag{7.7}$$

である．まず，ϕ_1 に関して求めてみよう．ϕ_1 は，主に ϕ_A から構成されていて，ϕ_B の寄与は小さいとする．こうすると，微小量 δ_1 を使って，ϕ_1 は次式で近似することができる．

$$\phi_1 \cong \phi_A + \delta_1 \phi_B \tag{7.8}$$

また，軌道エネルギー ε_1 も ε_A からの変化分 Δ_1 を使って，

$$\varepsilon_1 \cong \varepsilon_A - \Delta_1 \tag{7.9}$$

で与えられる．さらに，H_{AA} と H_{BB} はそれぞれ分子軌道 ϕ_A の軌道エネルギー ε_A と分子軌道 ϕ_B の軌道エネルギー ε_B に等しいと近似する．

$$H_{AA} \cong \varepsilon_A \tag{7.10}$$

$$H_{BB} \cong \varepsilon_B \tag{7.11}$$

これらの近似を使うと，式 (7.6) と式 (7.7) は，

$$-\Delta_1 + [H_{AB} - S_{AB}(\varepsilon_A - \Delta_1)]\delta_1 = 0 \tag{7.12}$$

$$[H_{AB} - S_{AB}(\varepsilon_A - \Delta_1)] + [\varepsilon_B - (\varepsilon_A - \Delta_1)]\delta_1 = 0 \tag{7.13}$$

となる．式 (7.12) と式 (7.13) において，微小量どうしの積 $\Delta_1 \cdot \delta_1$ を 0 と近似する．また，ϕ_A と ϕ_B の重なりが十分小さいとすると，近似的に

$S_{AB}\cdot\delta_1 = 0$ とすることができる. これらの近似を式 (7.13) に代入すると,

$$\delta_1 = -\frac{H_{AB} - S_{AB}\varepsilon_A}{\varepsilon_B - \varepsilon_A} \tag{7.14}$$

であるから, 軌道間の相互作用で得られた新しい分子軌道 ϕ_1 は,

$$\phi_1 \cong \phi_A - \frac{H_{AB} - S_{AB}\varepsilon_A}{\varepsilon_B - \varepsilon_A}\phi_B \tag{7.15}$$

となる. このときの安定化エネルギー Δ_1 は, 式 (7.14) を式 (7.12) に代入することにより得られ,

$$\Delta_1 = \frac{(H_{AB} - S_{AB}\varepsilon_A)^2}{\varepsilon_B - \varepsilon_A} \tag{7.16}$$

となる. ϕ_2 に関しても同様の計算を行うと,

$$\phi_2 \cong \frac{H_{AB} - S_{AB}\varepsilon_B}{\varepsilon_B - \varepsilon_A}\phi_A + \phi_B \tag{7.17}$$

であり, 不安定化エネルギー Δ_2 は,

$$\Delta_2 = \frac{(H_{AB} - S_{AB}\varepsilon_B)^2}{\varepsilon_B - \varepsilon_A} \tag{7.18}$$

で与えられる. Δ_2 と Δ_1 の大きさを比較してみると, 一般に S_{AB} と H_{AB} は符号が反対であり, $\varepsilon_A \le \varepsilon_B$ としているので, Δ_2 のほうが大きくなる.

得られた結果をじっくり眺めてみよう. 図7.3にはすでに示していたが, 二つの軌道が相互作用したとき, 軌道の混合によって, あらたな二つの分子軌道が生じる. あらたにできた分子軌道の一方は, もとの分子軌道の軌道エネルギーが低いほうよりも安定化する. また, もう一方の分子軌道は, もとの分子軌道の軌道エネルギーが高いほうよりもさらに不安定化する. 安定化エネルギー Δ_1 についてみてみると, 式 (7.16) の分母の $\varepsilon_B - \varepsilon_A$ が小さければ安定化する. つまり, もとの二つの軌道エネルギーの差が小さかったとき, 軌道相互作用によって大きな安定化が得られることになる. また, 式 (7.16) の分子に着目すると, S_{AB} と H_{AB} は符号が反対であるので, S_{AB} と H_{AB} (の絶

対値) が大きくなった場合にも安定化が得られることになる．これは，二つの軌道の位相が同じで，軌道どうしの重なりが大きいときに安定化が得られることを意味している．

ただし，軌道相互作用によって実際に安定化するかどうかは，もとの分子軌道の電子のつまり方に依存することに注意しよう．相互作用する二つの分子軌道がもともと，二つの電子が占有した占有軌道と電子が占有していない空軌道である場合を考えよう．**図 7.4** にあるように，この場合，分子 A の軌道に電子が二つ入っていた場合と，分子 B の軌道に二つ入っていた場合の 2 通りが考えられるが，ここでは前者 (図 7.4(c)) を考えてみよう．相互作用によってあらたにできる二つの分子軌道のうち，軌道エネルギーが低いほうに二つの電子が入り，高いほうは空軌道になる．このとき，全体のエネルギー変化 ΔE は，

$$\Delta E = -2\Delta_1 = -2\frac{(H_{AB} - S_{AB}\varepsilon_A)^2}{\varepsilon_B - \varepsilon_A} \tag{7.19}$$

で与えられ，この値は負である．つまり，このような場合，軌道相互作用によって系は安定化する．次に，もとの二つの分子軌道が両方とも二つの電子に占められていた場合 (図 7.4(h)) を考えてみよう．このときのエネルギー変化は，

$$\Delta E = -2\Delta_1 + 2\Delta_2 \tag{7.20}$$

となり，$\Delta_1 \leq \Delta_2$ であるので全体としては不安定化することになる．その他の電子のつまり方による安定性も図 7.4 に示してある．もとの二つの分子軌道を占める電子があわせて三つ以下の場合は，相互作用により系が安定化することがわかるだろう．

7.5 フロンティア軌道理論

7.4 節で，軌道相互作用の概念を用いることで二つの分子間の化学反応を

(a) 1 電子系
$\Delta E = -\Delta_1 \leq 0$

(b) 1 電子系
$\Delta E = -\Delta_1 - \Delta_{AB} \leq 0$

(c) 2 電子系
$\Delta E = -2\Delta_1 \leq 0$

(d) 2 電子系
$\Delta E = -2\Delta_1 - 2\Delta_{AB} \leq 0$

(e) 2 電子系
$\Delta E = -2\Delta_1 - \Delta_{AB} \leq 0$

(f) 3 電子系
$\Delta E = -2\Delta_1 + \Delta_2 \leq 0$

(g) 3 電子系
$\Delta E = -2\Delta_1 + \Delta_2 - \Delta_{AB} \leq 0$

(h) 4 電子系
$\Delta E = -2\Delta_1 + 2\Delta_2 \geq 0$

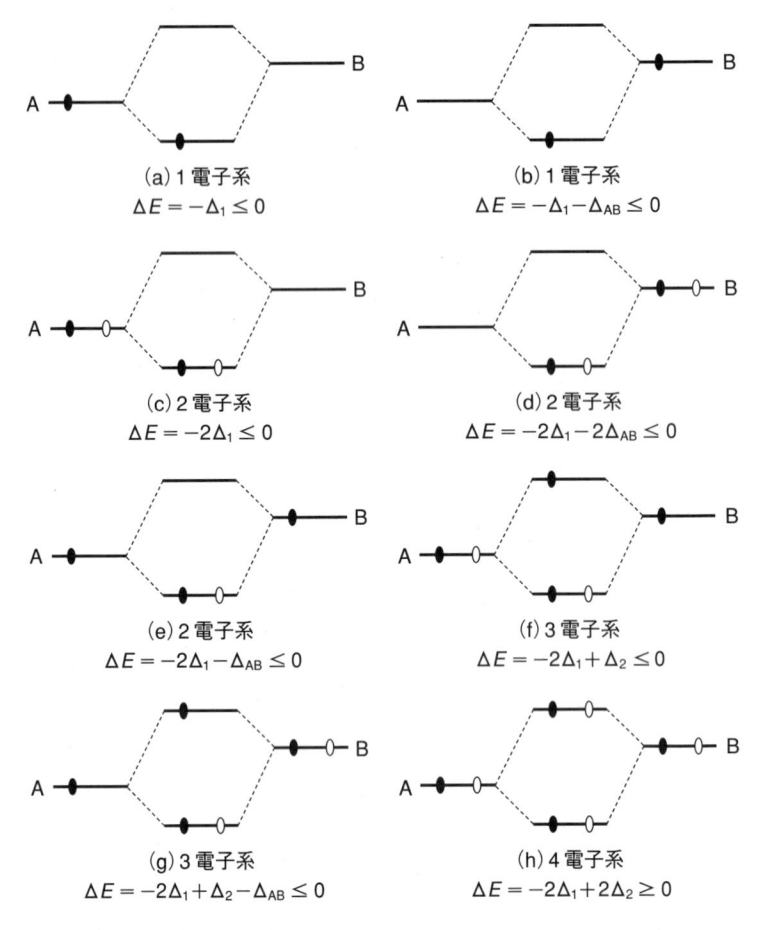

図 7.4 軌道相互作用によるエネルギー安定化(ただし,$\Delta_{AB} = \varepsilon_B - \varepsilon_A$(図 7.3 を参照))

理論的に理解できることがわかった.原子や分子に対して分子軌道を計算すれば,多くの占有軌道や空軌道が得られる.得られたすべての分子軌道が化学反応に寄与するのだろうか.**フロンティア軌道理論**(frontier orbital theory)は,分子の反応性や化学反応の起こりやすさが**フロンティア軌道**と呼ばれる特定の分子軌道によって決定されるという,福井謙一により提唱された

理論である．この功績により福井はホフマンとともに1981年にノーベル化学賞を受賞している．たくさんの分子軌道のうち，分子の反応性に重要な役割を果たすのは，電子が占有している分子軌道の中でエネルギーが最も高い軌道である**最高占有分子軌道** (highest occupied MO, HOMO) と，電子が占有していない分子軌道のうちエネルギーが最も低い軌道である**最低非占有分子軌道** (lowest unoccupied MO, LUMO) であると考えるのがフロンティア軌道理論である．また，不対電子をもつ分子では電子が一つだけ占有している分子軌道があり，この分子軌道は**半占有分子軌道** (single occupied MO, SOMO) と呼ばれる．HOMO，LUMO，SOMO の3種の分子軌道がフロンティア軌道である．

フロンティア軌道理論を使って分子の反応性をみていこう．NO_2^+ のような電子受容体がナフタレン ($C_{10}H_8$) に近づく場合を考える．この場合，ナフタレンの1位の炭素についている水素が電子受容体と置きかわることが実験的に知られている．ヒュッケル法を使えば，4.5節で定義した電子密度は，すべての炭素原子上で1となり同じである．1位と2位の炭素に区別はない．電子密度から判断すると，1位と2位の炭素上での反応性に違いは現れないことになる．図7.5は，ハートリー-フォック計算から得られたナフタレンの HOMO である π 軌道をプロットしたものである．ここでは，分子軌道係数の符号（＋，－）を濃淡で表してある．1位 (C_1, C_4, C_6, C_9) の炭素原子のほうが2位 (C_2, C_3, C_7, C_8) よりも大きな広がりをもっていることがわかる．次に，電子供与体がナフタレンに近づく場合を考えよう．この場合はナフタレンの LUMO が反応に関与する．図7.6にナフタレンの LUMO の π^* 軌道を示している．この場合も1位の炭素のほうが2位よりも大きな広がりをもっている．実験的にも反応性は1位の炭素のほうが高い．

もう少し詳しくみていこう．それには**フロンティア電子密度** (frontier electron density) を定義すると便利である．ある分子中の原子 A 上のフロンティア電子密度は，次の三つで定義される．

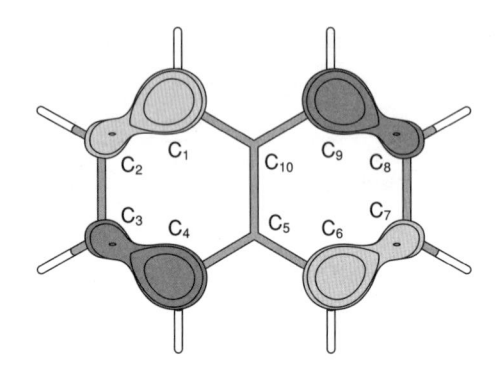

図 7.5　ナフタレンの HOMO

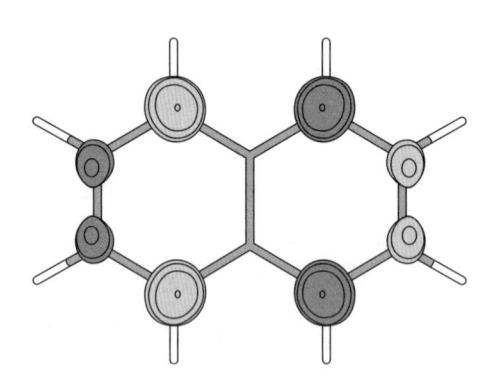

図 7.6　ナフタレンの LUMO

$$f_A^{(E)} = 2 \sum_{p \in A} (C_{p,\text{HOMO}})^2 \tag{7.21}$$

$$f_A^{(N)} = 2 \sum_{p \in A} (C_{p,\text{LUMO}})^2 \tag{7.22}$$

$$f_A^{(R)} = \sum_{p \in A} (C_{p,\text{HOMO}})^2 + \sum_{p \in A} (C_{p,\text{LUMO}})^2 \tag{7.23}$$

$C_{p,\text{HOMO}}$ と $C_{p,\text{LUMO}}$ は，HOMO と LUMO の分子軌道係数のうち原子軌道 p に属する係数をそれぞれ表す．また，和は原子 A に属する原子軌道すべてに

対してとる．反応する相手の分子が，(1) 電子受容体 (E)，(2) 電子供与体 (N)，(3) ラジカル体 (R)，によって使いわけることになる．具体的に，先ほど例にしたナフタレンを使って計算してみよう．まず，電子受容体と反応する場合を考える．式 (7.21) で与えた電子受容体に対するフロンティア電子密度を計算してみよう．ヒュッケル法で計算したナフタレンの HOMO の分子軌道係数を図 7.7 に示しておいた．1 位と 2 位の炭素原子のフロンティア電子密度はそれぞれ，

$$f_{C_1}^{(E)} = 2(0.4253)^2 = 0.3618 \quad (7.24)$$

$$f_{C_2}^{(E)} = 2(0.2629)^2 = 0.1382 \quad (7.25)$$

となる．1 位の炭素原子のフロンティア電子密度のほうが 2 位よりも大きい．次に，電子供与体が近づく場合のフロンティア電子密度を計算しよう．式 (7.22) の電子供与体に対するフロンティア電子密度を使う．図 7.8 の LUMO の分子軌道係数を使うと，1 位と 2 位の炭素原子のフロンティア電子密度はそれぞれ，

$$f_{C_1}^{(N)} = 2(0.4253)^2 = 0.3618 \quad (7.26)$$

$$f_{C_2}^{(N)} = 2(-0.2629)^2 = 0.1382 \quad (7.27)$$

である．この場合も 1 位の炭素のフロンティア電子密度のほうが 2 位よりも大きくなる．フロンティア分子軌道理論を使うことで分子の反応性を予測できることがわかるだろう．

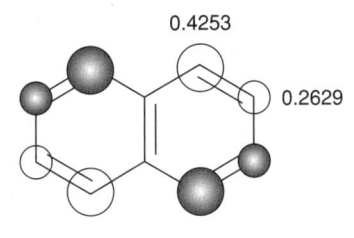

図 7.7 ナフタレンの HOMO の軌道係数

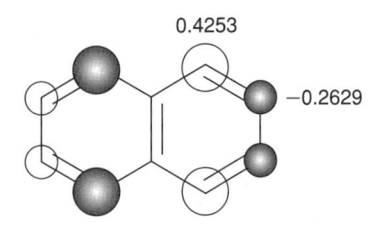

図 7.8 ナフタレンの LUMO の軌道係数

ブタジエン
(LUMO)

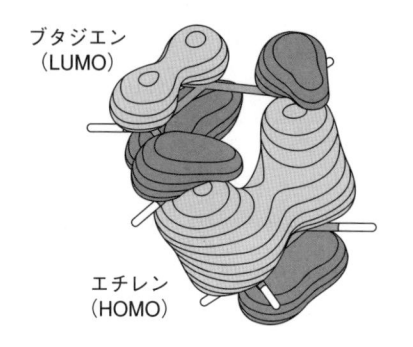

エチレン
(HOMO)

図 7.9 エチレンの HOMO とブタジエンの LUMO の相互作用

ブタジエン
(HOMO)

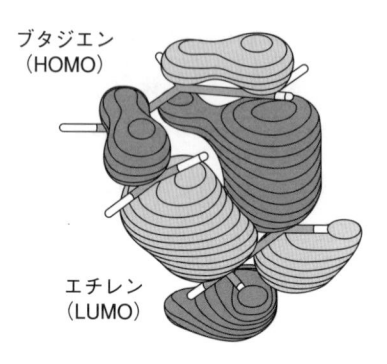

エチレン
(LUMO)

図 7.10 エチレンの LUMO とブタジエンの HOMO の相互作用

　もう一つ，化学反応をフロンティア軌道理論の立場からみておこう．多くの軌道の相互作用のうち，HOMO-LUMO 相互作用が化学反応の進行に最も重要な役割を果たすことになる．エチレン (C_2H_4) とブタジエン (C_4H_6) のディールス-アルダー (Diels-Alder) 反応をみてみよう．シクロヘキセンができる反応である．この反応は熱で容易に反応が進行することが知られている．図 7.9 に，エチレンの HOMO とブタジエンの LUMO が近づいたとき，相互作用する様子を示してある．また，図 7.10 では，エチレンの LUMO とブタジエンの HOMO が相互作用している．どちらの図も，エチレンとブタジエンのフロンティア軌道の位相がぴったり合っていて，この反応が容易に進行することがわかる．次に，エチレンどうしのディールス-アルダー反応により，シクロブタンができる反応をみてみよう．この反応は，エチレンとブタジエンのディールス-アルダー反応とは異なり，熱では反応せず，光で反応が進行することがわかっている．

　図 7.11 と図 7.12 にエチレンの HOMO と LUMO をそれぞれ示している．協奏的に近づけると HOMO と LUMO の位相が合わない．つまり，熱的にはこの反応は起こらない．一方，片方のエチレンの電子が一つ，HOMO

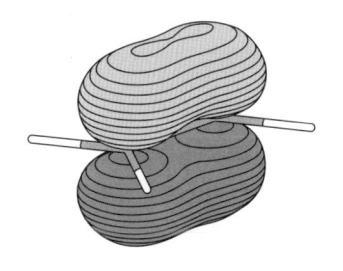

図 7.11 エチレンの HOMO 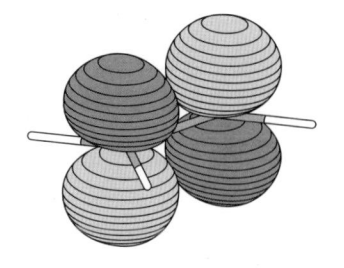　　図 7.12 エチレンの LUMO

から LUMO に励起した場合を考えよう．図 7.4 でみたように，もとの二つの分子軌道を占めていた電子があわせて三つ以下の場合は，相互作用により系がエネルギー的に安定化する．今の場合，HOMO と HOMO どうし，あるいは LUMO と LUMO どうしが相互作用すれば，軌道の位相もぴったり合って，エネルギー的にも安定化する．つまり，エチレンどうしのディールス−アルダー反応は，基底状態では反応が進行せず，励起状態で反応が進行する．これらの結論は，ウッドワードとホフマンにより最初に見出された．軌道の位相や軌道の対称性が化学反応を決定するという考え方である．この考え方は**ウッドワード−ホフマン則**と呼ばれる．

7.6 エネルギー微分法と構造最適化

7.1 節で述べたように，ポテンシャルエネルギー曲面を眺めれば，反応がどのように進行するかとか，どのような構造が安定であるかなど，化学反応に対する多くの知見を得ることができる．しかしながら，図 7.1 のようなポテンシャルエネルギー曲面は，分子の構造の中から二つの内部座標を選んでパラメータとするしかなく，多数の自由度をもつような場合は描くことができない．このような場合に，生成物，反応物，反応中間体，遷移状態のような反応経路中の重要な構造を効率よく探し出す方法が，**エネルギー微分**

(energy derivative) 法を用いた**構造最適化** (geometry optimization) である．エネルギーの微分の表式に基づいて，式 (7.1)，つまり，すべての原子核の座標に関してエネルギーの一次微分が 0 になるような状態を探し出す方法である．多くの構造最適化の手法が考えられているが，ここでは深入りはしない．多くはエネルギーの二次微分の情報を使いながら，一次微分が 0 に近づくよう構造を決定する．その際に二次微分をあらわに計算するのではなく，一次微分の情報を使って近似的に求めていくのが現在の主流である．

エネルギーの微分はどのように求めればいいのだろうか．**ヘルマン-ファインマン** (Hellmann-Feynman) **定理**によれば，エネルギーの核座標微分は，

$$\frac{\partial E}{\partial a} = \int \Psi^* \frac{\partial \hat{H}}{\partial a} \Psi \, d\tau \tag{7.28}$$

で与えられる．核座標に限らず適当なパラメータを変化させると，そのエネルギー変化（一次微分）には本来，波動関数の変化分とハミルトン演算子の変化分の両方が必要となる．しかしながら，ヘルマン-ファインマンの定理によれば，波動関数の変化分は 0 となり，ハミルトン演算子の変化分のみを計算すればいいことになる．証明はそれほど難しくないので，演習問題 ([5]) に譲ろう．

ただ残念ながら，ヘルマン-ファインマンの定理は LCAO 展開を用いた場合には成り立たない．波動関数の変化分を考慮する必要がある．しかし，ハートリー-フォック法や密度汎関数法に関しては，そのエネルギーの解析的微分を簡単に計算することができる．導出の過程は本書のレベルを超えるので省略して，結果だけを示そう．閉殻系ハートリー-フォックエネルギーの核座標に関する解析的一次微分は，

$$\frac{\partial E_{\text{HF}}}{\partial a} = 2\sum_{p,q}^{N} D_{pq} \frac{\partial h_{pq}}{\partial a} + \sum_{p,q}^{N}\sum_{r,s}^{N} (2D_{pq}D_{rs} - D_{ps}D_{rq}) \frac{\partial (pq|rs)}{\partial a} - 2\sum_{p,q}^{N} W_{pq} \frac{\partial S_{pq}}{\partial a} \tag{7.29}$$

で与えられる．ここで，

$$W_{pq} = \sum_{i}^{n/2} C_{pi}^* C_{qi} \varepsilon_i \qquad (7.30)$$

で定義される．分子軌道係数の核座標微分が必要ないことに着目しよう．これは，ハートリー–フォック–ローターン法が分子軌道係数に関して変分的であることに由来する．

●　固有反応座標

化学反応は，反応物から出発し，遷移状態を経由して，生成物に至る反応経路に沿って進行する．反応物，遷移状態，生成物は構造最適化の手法で決定できることを述べたが，それらを結ぶ途中の反応経路はどのように決めればいいのだろうか．原子核は運動エネルギー（言い換えれば速度）をもちながら運動するので，反応経路の選び方には任意性を伴う．反応経路を決定する際によく使われているのが，福井謙一によって提唱された固有反応座標（IRC, 極限的反応座標ともいう）の方法である．固有反応座標の方法では，化学反応の遷移状態から出発し，質量加重座標（原子核の質量の平方根を加重した座標系）を使ったときにエネルギーが最急降下するような，反応物と生成物の両方向に向かう経路を考える．虚の振動数に対応する基準振動ベクトルの方向に原子核を動かすことになる．固有反応座標は，原子核が無限小の速度をもって運動する古典的な軌跡に対応する．

演習問題

[1] ホルムアルデヒド（CH_2O）分子が一酸化炭素（CO）分子と水素（H_2）分子に解離する反応を考えよう．6-31G(d,p) 基底を使ったクラスター展開法（CCSD）によって構造最適化することで得られた反応物，遷移状態，生成物の構造と全エネルギーの結果を図1に示してある．この結果から，この反応の活性化エネルギーと反応熱を kcal mol^{-1} の単位で計算せよ．エネルギーに関して 1 au = 627.5095 kcal mol^{-1} である．

第7章 化学反応

```
       O                     O
    1.215Å‖ 122.2°       1.181Å‖ 111.1°
   1.101Å  C      ⇌    1.088Å C⋯1.629Å    ⇌    1.143Å              0.739Å
         H   H             51.4° H              C≡O        +      H——H
                         H  1.276Å
   反応物                    遷移状態                    生成物
  −114.1936 au             −114.0432 au          −113.0230 au    −1.1652 au
```

図1 ホルムアルデヒドの分子解離反応

[2] ウォルシュダイアグラムを使って，CH_2 分子の一重項基底状態と最低三重項状態の構造を推測せよ．

[3] 図7.4 に与えた二つの分子軌道が相互作用するときの安定化エネルギーを 2電子系に対して求めてみよう．場合としては図7.4 (c), (d), (e) の 3 通りが考えられるが，(c) の場合はすでに本文中で説明したので，ここでは (d) と (e) に関して求めよ．

[4] ヒュッケル法を使って，エチレンどうしのディールス-アルダー反応を考えてみよう．図2のように，あらたにできる結合間の共鳴積分を $a\beta$ ($a = 0.25$) とする．

(1) シクロブタンの基底状態と第1励起状態のエネルギーを求めよ．

(2) 基底状態でエチレンどうしが反応する場合の安定化エネルギーを求めよ．

(3) 同様に，一つのエチレンが励起したあと，エチレンどうしが反応する場合の安定化エネルギーを求めよ．

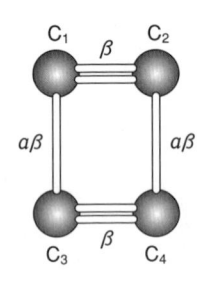

図2 シクロブタン

[5] 式 (7.28) のヘルマン-ファインマン定理を証明せよ．

第8章 相対論

重原子を含む分子に対しては相対論効果が重要になってくる．相対論効果を無視すると，定性的にも満足のいく結果が得られない．化学においても相対論効果は重要なのである．この章では，原子や分子の世界において，相対論効果がどれほど重要であるか見ていくことにしよう．そして，相対論効果を量子化学で取り扱うためにはどうしたらいいかもあわせて勉強しよう．

8.1 相対論

相対論（relativity；**相対性理論** principle of relativity）については多くの一般解説書が出版されていて，一般の人々にとって最も馴染みやすく，知的好奇心を湧き起こさせる物理学の分野である．その一方で，数学的そして概念的難解さとあいまって，化学者にとっては相対論というのはとっつきにくい分野である．化学において，その影響が軽視あるいは無視されてきた現象の一つでもある．この理由は，化学者が取り扱っている原子および分子の化学的性質は価電子によって決定されて，内殻電子は影響を与えないと化学の分野では信じられてきたためであろう．しかしながら，重原子分子に対する価電子が寄与する化学的性質においてでさえ，相対論効果が無視できないことが最近わかってきた．例えば，重原子を含む金属錯体が触媒作用をもつのは相対論効果が一因であるし，りん光を発光するのも相対論効果である．

8.2 相対論効果

相対論効果の起源は何だろうか．相対論効果をその起源の点から分類すると，2種類に分類することができる．一つは**重原子効果**（heavy atom effect）で，もう一つは**スピン-軌道効果**（spin-orbit effect）である．

重原子効果は，原子の核電荷が増加するのにつれて重要になってくる効果である．内殻軌道において，電子が高速で運動することに起因する．定性的に説明してみよう．粒子の運動速度 v と光速 c の比を

$$\beta = \frac{v}{c} \tag{8.1}$$

で定義しておく．原子単位系を用いると，光速は $c \cong 137.036$ au である．β は運動速度が静止している場合から光速に対応して，0 から 1 の値をとる．核電荷 Z をもつ水素様原子の基底状態のエネルギーは，第 1 章演習問題 [1] で与えたように，

$$E = -\frac{1}{2}Z^2 \tag{8.2}$$

である．ビリアルの定理を用いると，

$$E = -\langle T \rangle \tag{8.3}$$

の関係が成り立つ．運動エネルギー T は，

$$\langle T \rangle = \frac{1}{2}\langle v^2 \rangle \tag{8.4}$$

であるから，式 (8.2) と比較すると，

$$\langle v^2 \rangle = Z^2 \tag{8.5}$$

という関係が得られる．式 (8.1) の β は，

$$\beta = \frac{Z}{c} \tag{8.6}$$

となる．この結果を使って，重原子効果がエネルギーに対してどれくらい影

8.2 相対論効果

響を与えるかみてみよう. 質量 m の粒子に対する相対論的エネルギーは,

$$E = \gamma mc^2 \tag{8.7}$$

で与えられる. γ は,

$$\gamma = (1-\beta^2)^{-1/2} \tag{8.8}$$

で定義される. 式 (8.7) を β についてべき展開して, 式 (8.5) と式 (8.6) を使うと,

$$E - mc^2 = \frac{1}{2}mv^2 \left(1 + \frac{3}{4}\beta^2 + \cdots\right) \tag{8.9}$$

となる. 右辺の第1項は非相対論的運動エネルギーで, 第2項以降が相対論的寄与に対応する. β は式 (8.6) で定義されているので, Z が増加するのにつれて, エネルギーに対する相対論的寄与は増加することになる. 例えば, $Z = 50$ に対し, 第2項の相対論的寄与は 10 % に及ぶ.

重原子効果は, 軌道の**相対論的収縮** (relativistic contraction) という形で現れてくる. この現象も定性的に説明しておこう. 有効ボーア半径は,

$$a_0 = \frac{\hbar^2}{me^2} \tag{8.10}$$

で定義される. ここで, 速度 v で運動している電子の質量 m は,

$$m = \gamma m_0 \tag{8.11}$$

である. m_0 は静止質量である. γ は β を通して Z に依存しているので, 核電荷 Z が増加するのにつれて a_0 は減少する. つまり, 相対論効果によって軌道の収縮が起こることになる. 相対論的収縮により, 軌道は安定化し, 軌道エネルギーは減少する. この相対論的収縮の現象は s 軌道および p 軌道でみられる. 一方, d 軌道と f 軌道の電子が感じるポテンシャルは, s 軌道と p 軌道の相対論的収縮の効果により遮蔽されるため, d 軌道と f 軌道は相対論的に膨張することになる. このとき, 軌道は不安定化する. 図 8.1 に $Z = 80$ の水素様原子の 1s, 2s, 3s, 2p 軌道の動径密度を示す. 相対論効果により軌道が収縮している様子がわかる.

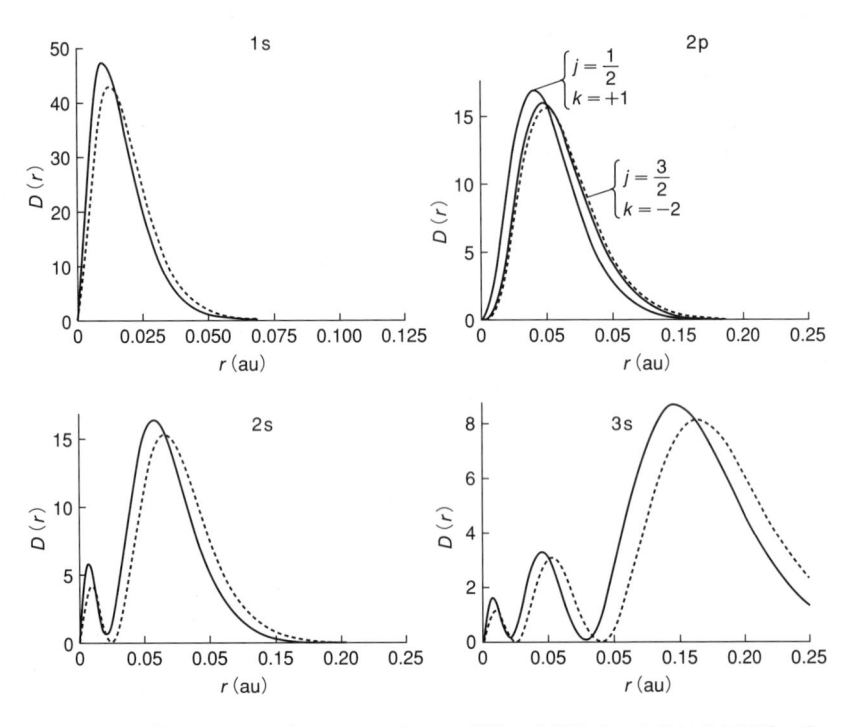

図 8.1 水素様原子 ($Z = 80$) の 1s, 2s, 3s, 2p 軌道の動径密度. 点線は非相対論, 実線は相対論効果を考慮した結果 (P. Pyykkö, *Chem. Rev.*, **88**, 563 (1988))

　図 8.2 は，相対論効果を考慮した場合としない場合の 11 族遷移金属原子 (Cu, Ag, Au) の価電子 s 軌道のハートリー-フォック軌道エネルギーをプロットしたものである．5.11 節で勉強したクープマンス定理を用いると，ハートリー-フォック計算で得られた軌道エネルギー（の逆符号）は，イオン化エネルギーの実験値 (Cu：$7.726\,\text{eV} = 0.284\,\text{au}$，Ag：$7.576\,\text{eV} = 0.278\,\text{au}$，Au：$9.225\,\text{eV} = 0.339\,\text{au}$) と比較することができる．原子が重くなっていくほど相対論効果が大きくなっていって，実験値の傾向は相対論効果を考慮しなければ再現されないことがわかる．11 族遷移金属の第 1 イオン化は価電子軌道の s 軌道からのイオン化である．重原子である Au 原子で相対

8.2 相対論効果

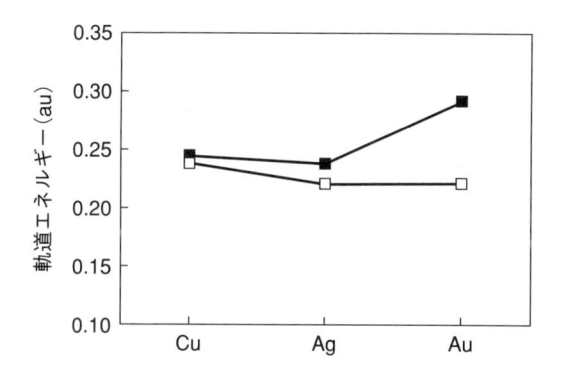

図 8.2 11 族遷移金属原子の価電子 s 軌道の軌道エネルギー（の逆符号）（□：非相対論，■：相対論）

論効果によりイオン化エネルギーが増加する理由は，重原子効果である s 軌道の相対論的収縮により，軌道が安定化したためである．

次にもう一つの相対論効果であるスピン-軌道効果について説明しよう．スピン-軌道効果は，スピン-軌道相互作用に由来する効果である．8.8 節でみるように，スピン-軌道相互作用は相対論を考慮して初めて現れる効果である．スピン-軌道効果によって，軌道は二つに分裂する．この効果は，重原子分子系だけではなく，軽い原子を含む分子系の化学反応やプロパティに対してでさえ重要になってくることが多い．

8.8 節でもう少し詳しく説明するが，スピン-軌道相互作用のハミルトン演算子は $H_{SO} = \lambda \mathbf{l} \cdot \mathbf{s}$（$\lambda$ は定数）の形で与えられる．ここで，l と s はそれぞれ軌道角運動量演算子とスピン角運動量演算子である．このハミルトン演算子の形からわかるように，スピン-軌道相互作用は軌道角運動量が 0 でない p 軌道，d 軌道，f 軌道，… に対してみられる効果である．もう一度，図 8.1 をみてみよう．実線が相対論効果を考慮した場合で，点線が考慮しなかった場合である．1s, 2s, 3s 軌道は軌道角運動量が 0 であるので，軌道の分裂はみられない．これに対し，2p 軌道の相対論の結果は 2 本に分裂している．

この理由がスピン-軌道効果である．

8.3 分子に対する相対論効果

分子に対して相対論効果がどれくらい重要であるか，もう少し例をあげてみていこう．分子に対する相対論効果の重要性が最もよくわかる例として，11族遷移金属二量体の分光学的定数に対する相対論効果を紹介しよう．11族遷移金属二量体である Cu_2, Ag_2, Au_2 の平衡核間距離の計算値を実験値と比較してプロットしたものを図8.3に示す．比較のために，相対論効果を考慮していない結果もプロットしてある．相対論効果を考慮することにより，実験値との一致が非常によくなっていることがわかる．特に，Au_2 では相対論効果を考慮しないとまったく実験値を再現せず，相対論効果を考慮して初めて実験値の傾向を再現することができている．11属遷移金属のイオン化エネルギーのときと同様に，s軌道の相対論的収縮が理由である．

そのほかにも，相対論効果は重原子分子のプロパティに大きな影響を与える．図8.4は，ハロゲン化スズ化合物の ^{119}Sn 核NMR化学シフトの実験値

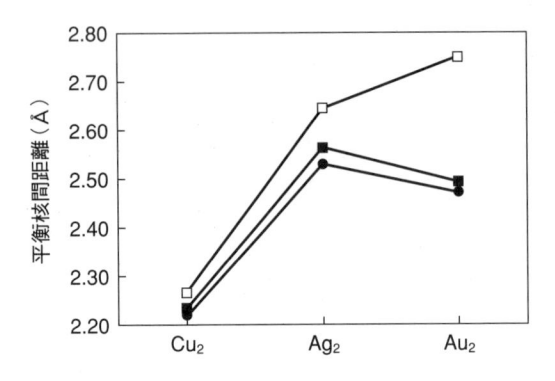

図8.3　11族遷移金属二量体の平衡核間距離（□：非相対論，■：相対論，●：実験値）

8.3 分子に対する相対論効果

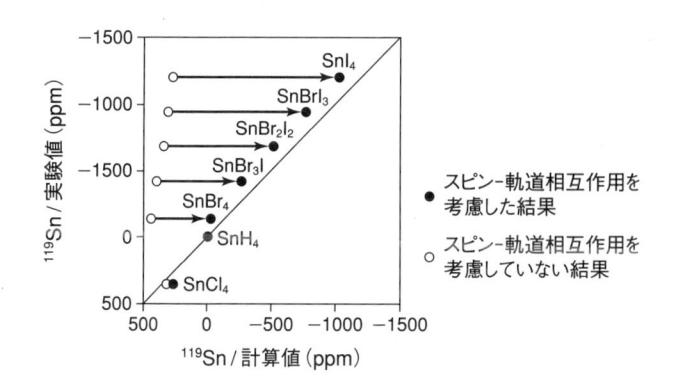

図 8.4 ハロゲン化スズ化合物の ^{119}Sn 核 NMR 化学シフトの実験値（縦軸）と計算値（横軸）の関係
(H. Kaneko, M. Hada, T. Nakajima and H. Nakatsuji, *Chem. Phys. Lett.*, **261**, 1 (1996))

（縦軸）と計算値（横軸）の関係をプロットしたものである．黒丸はスピン–軌道相互作用を考慮した結果で，白丸は考慮していない結果である．重原子ハロゲンが置換するほど，スピン–軌道相互作用が重要になってくることがこの図からわかる．

次に，OsO_4 分子のイオン化状態に対する相対論効果をみてみよう．**図 8.5** と**図 8.6** に，理論計算によって得られた OsO_4 のイオン化エネルギーを実験と重ねて示す．図 8.5 は相対論効果を考慮していない場合の結果で，図 8.6 が相対論効果を考慮した結果である．相対論効果を考慮した場合，計算で得られるイオン化エネルギーの実験との一致はすべてのピークにおいて非常によく，ピークの同定を正確に行うことが可能である．相対論効果を考慮しないと，実験のスペクトルを再現することはできていない．ピーク B および C は，Os の 5p 軌道に由来する 1^2T_2 状態が相対論効果の一つであるスピン–軌道相互作用によって分裂した状態であることがこの計算からわかっている．また，ピーク D は，Os の 6s 軌道の相対論的収縮により高エネルギー側にシフトしている．

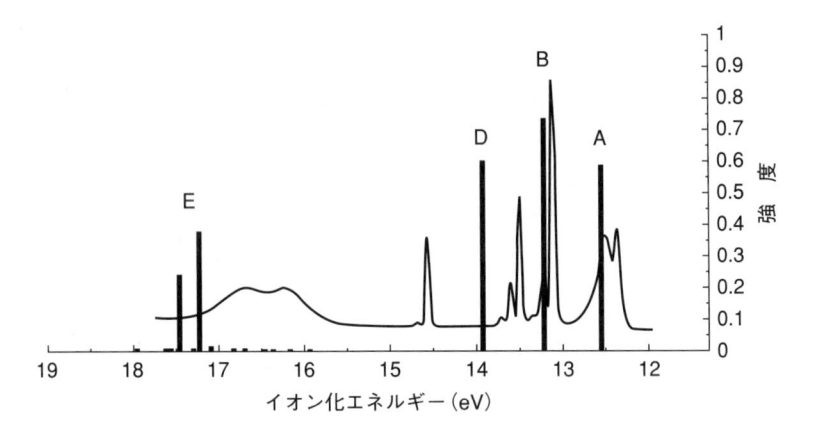

図 8.5 相対論効果を考慮していない場合の OsO$_4$ のイオン化エネルギー
(T. Nakajima, K. Koga and K. Hirao, *J. Chem. Phys.*, **112**, 10142 (2000))

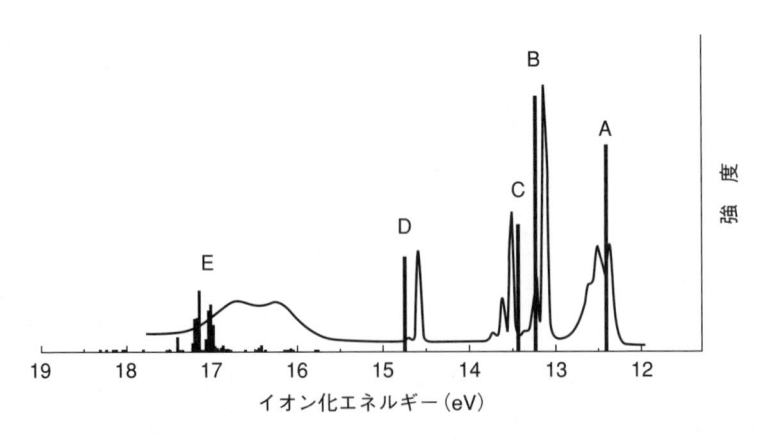

図 8.6 相対論効果を考慮した場合の OsO$_4$ のイオン化エネルギー
(T. Nakajima, K. Koga and K. Hirao, *J. Chem. Phys.*, **112**, 10142 (2000))

8.4 ディラック方程式

シュレーディンガー方程式は相対論効果を含まない．もう一度，シュレー

8.4 ディラック方程式

ディンガー方程式を相対論の立場から眺めておこう．自由粒子に対する時間依存のシュレーディンガー方程式は，

$$i\hbar \frac{\partial \Psi}{\partial t} = \frac{\mathbf{p}^2}{2m} \Psi \qquad (8.12)$$

で与えられる．この方程式は，運動量 $\mathbf{p}$ を 2 乗の形で含んでいるのに対し，エネルギーに関しては 1 次である．空間成分と時間成分が差別されていることになる．このため，シュレーディンガー方程式はローレンツ (Lorentz) 変換に対して不変でなければならないという相対性理論の要請を満たさない．この形の方程式に従う非相対論的量子力学は，光速に近いくらい高速で運動している粒子に対しては適用することができない．このような場合には，相対論的量子力学に基づいた波動方程式を用いなければならない．ローレンツ変換に対して不変となるような相対論的方程式を導出しなければならない．

相対論的な波動方程式の一つは**クライン-ゴードン** (Klein-Gordon) **方程式**である．自由粒子に対する古典的な相対論的ハミルトン関数は，相対論的な運動エネルギーで与えられる．

$$E = \sqrt{m^2 c^4 + p^2 c^2} \qquad (8.13)$$

このハミルトン関数に対して，シュレーディンガーの対応規則

$$E \to i\hbar \frac{\partial}{\partial t}, \qquad p \to -i\hbar \nabla (= \mathbf{p}) \qquad (8.14)$$

を使うと，ハミルトン演算子が得られ，相対論的な波動方程式は，

$$\left(i\hbar \frac{\partial}{\partial t} \right) \Psi = \sqrt{m^2 c^4 + \mathbf{p}^2 c^2}\, \Psi \qquad (8.15)$$

のようになる．しかしながら，このようにして得られた波動方程式はローレンツ変換に対して不変ではなく，平方根の演算子を含んでいるので相対論的方程式としては適切ではない．この二つの問題は，式 (8.13) のエネルギー表現を 2 乗してから量子化することで解決できる．

$$E^2\Psi = \left(i\hbar\frac{\partial}{\partial t}\right)^2\Psi = (m^2c^4 + \mathbf{p}^2c^2)\Psi \tag{8.16}$$

この方程式がクライン-ゴードン方程式である．クライン-ゴードン方程式はローレンツ変換に対して不変である．しかしながら，この方程式には電子のスピンが考慮されていない．そのため，クライン-ゴードン方程式は，スピン0のπ中間子に対しては適用することができるが，電子に対しては用いることができない．

ローレンツ変換に対する不変性を波動方程式が満足するためには，空間座標と時間座標に関して対称的な形をしていなければならない．ディラックは，この条件を満足するように波動方程式を導出した．自由粒子に対する**ディラック方程式**は，

$$\boxed{(c\boldsymbol{\alpha}\cdot\mathbf{p} + \beta mc^2)\Psi = E\Psi} \tag{8.17}$$

で与えられる．β と $\boldsymbol{\alpha} = (\alpha_i)$ $(i = 1, 2, 3)$ は**ディラック行列** (Dirac matrix) と呼ばれ，

$$\beta = \begin{pmatrix} \mathbf{I} & 0 \\ 0 & -\mathbf{I} \end{pmatrix}, \quad \alpha_i = \begin{pmatrix} 0 & \sigma_i \\ \sigma_i & 0 \end{pmatrix} \quad (i = 1, 2, 3) \tag{8.18}$$

で定義される．$\mathbf{I}$ は2行2列の単位行列で，$\boldsymbol{\sigma} = (\sigma_i)$ $(i = 1, 2, 3)$ は**パウリスピン行列** (Pauli spin matrix) である．

$$\sigma_1 = \sigma_x = \begin{pmatrix} 0 & 1 \\ 1 & 0 \end{pmatrix}, \quad \sigma_2 = \sigma_y = \begin{pmatrix} 0 & -i \\ i & 0 \end{pmatrix}, \quad \sigma_3 = \sigma_z = \begin{pmatrix} 1 & 0 \\ 0 & -1 \end{pmatrix} \tag{8.19}$$

ディラック方程式は，この4行4列のディラック行列に由来して，**4成分スピノル** (four-component spinor) と呼ばれる4成分の波動関数をもつことになる．

8.4 ディラック方程式

$$\Psi = \begin{pmatrix} \Psi_1 \\ \Psi_2 \\ \Psi_3 \\ \Psi_4 \end{pmatrix} \qquad (8.20)$$

式 (8.17) のディラック方程式を 4 成分の形であらわに表してみよう．

$$\begin{pmatrix} (E-mc^2) & 0 & -cp_z & -c(p_x-ip_y) \\ 0 & (E-mc^2) & -c(p_x+ip_y) & cp_z \\ -cp_z & -c(p_x-ip_y) & (E+mc^2) & 0 \\ -c(p_x+ip_y) & cp_z & 0 & (E+mc^2) \end{pmatrix} \begin{pmatrix} \Psi_1 \\ \Psi_2 \\ \Psi_3 \\ \Psi_4 \end{pmatrix} = 0$$
(8.21)

電子が静止している場合 (p_x, p_y, p_z が 0) には，Ψ_1 と Ψ_2 は固有値 $+mc^2$ をもち，Ψ_3 と Ψ_4 は固有値 $-mc^2$ をもつことがわかるだろう．Ψ_1 と Ψ_2 は電子に対する解で，正エネルギーの α スピン成分と β スピン成分と解釈することができる．一方，Ψ_3 と Ψ_4 のほうは**陽電子** (positron) に対する解というふうに解釈される．相対論に特有な状態である．電子と同じ質量で正電荷をもつ粒子である陽電子の存在は，実験的にもアンダーソン (Anderson) によって確認されている．

陽電子に関して，もう少し詳しくみていこう．陽電子状態は負のエネルギー状態である．ディラック方程式では，この負のエネルギー状態に，荷電粒子が電子状態である正のエネルギー状態から輻射遷移することが可能になってしまう．これは電子状態が安定に存在していることと矛盾する．これを解決するために，ディラックは真空状態において，負のエネルギー状態が電子で完全に埋められていると考えた．それ以上の余分の電子があっても，負エネルギー状態にその電子をつめることはできない．余分な電子は，正のエネルギー状態につめていくことで，電子として観測することができるようになる．$2mc^2$ よりも大きなエネルギーを与えると，負のエネルギー状態にある電子は正のエネルギー状態に遷移する．このとき，真空に空孔 (hole)

が生じ，この空孔と遷移した電子との間で対生成が生じる．この空孔が陽電子と解釈される．このディラックによる理論は**空孔理論**と呼ばれている．

ディラック方程式は非相対論的シュレーディンガー方程式に比べて複雑な形をしている．しかしながら，ディラック方程式は，スピン1/2のフェルミ粒子に対して,特殊相対性理論および量子力学の要求をすべて満足しており，フェルミ粒子の性質を驚くほどの正確さで予言することができる方程式である．4.2節で説明したように，非相対論の枠組みでは，**電子のスピン**は後づけの概念であった．これに対し，ディラック方程式は電子スピンとそれに伴う磁気モーメントを自然な形で含んでいる．電磁場中でのディラック方程式を考えることで，これを確かめることができるが，本書のレベルを超えるのでここでは省略する．興味のある読者は巻末の参考文献 (小出昭一郎, 1990) を参照されたい．

8.5 large 成分と small 成分

ディラック方程式の非相対論的極限について調べてみよう．ディラック方程式から得られるエネルギーを非相対論のエネルギーと対応させるために，$-mc^2$ だけシフトさせておく．これは電子が静止している場合に，Ψ_1 と Ψ_2 の固有値を 0 にすることに対応する．こうすることで非相対論のエネルギーと対応させることができることは，式 (8.9) からもわかるだろう．これ以降，このエネルギーを E としよう．このとき，外場が存在しない場合のディラック方程式は，次の連立方程式の形に書くことができる．

$$-E\Psi^L + c(\boldsymbol{\sigma}\cdot\mathbf{p})\Psi^S = 0 \qquad (8.22)$$

$$c(\boldsymbol{\sigma}\cdot\mathbf{p})\Psi^L - (E+2mc^2)\Psi^S = 0 \qquad (8.23)$$

Ψ^L と Ψ^S は 2 成分スピノルである．

8.5 large 成分と small 成分

$$\Psi^{L} = \begin{pmatrix} \Psi_{1} \\ \Psi_{2} \end{pmatrix} \qquad (8.24)$$

$$\Psi^{S} = \begin{pmatrix} \Psi_{3} \\ \Psi_{4} \end{pmatrix} \qquad (8.25)$$

添字のLおよびSの意味は,あとで明らかになる.式(8.23)から,

$$\Psi^{S} = (E + 2mc^{2})^{-1} c(\boldsymbol{\sigma} \cdot \mathbf{p}) \Psi^{L} \qquad (8.26)$$

である.式(8.26)を式(8.22)に代入すると,Ψ^L のみに関するシュレーディンガー-パウリ型方程式が得られる.

$$(\boldsymbol{\sigma} \cdot \mathbf{p}) \frac{c^{2}}{E + 2mc^{2}} (\boldsymbol{\sigma} \cdot \mathbf{p}) \Psi^{L} = E \Psi^{L} \qquad (8.27)$$

式(8.27)の分母で,エネルギー E が $2mc^2$ に比べて十分小さい場合,式(8.27)は,

$$\frac{1}{2m} (\boldsymbol{\sigma} \cdot \mathbf{p}) (\boldsymbol{\sigma} \cdot \mathbf{p}) \Psi^{L} = E \Psi^{L} \qquad (8.28)$$

となる.ここで,

$$(\boldsymbol{\sigma} \cdot \mathbf{p}) (\boldsymbol{\sigma} \cdot \mathbf{p}) = \mathbf{p}^{2} \qquad (8.29)$$

の関係を使うと,式(8.28)は結局,

$$\frac{\mathbf{p}^{2}}{2m} \Psi^{L} = E \Psi^{L} \qquad (8.30)$$

となる.この式は自由粒子に対するシュレーディンガー方程式である.つまり,2成分波動関数 Ψ^L は4成分相対論的波動関数の非相対論的極限の解としてとらえることができる.また,このとき,Ψ^S は,

$$\Psi^{S} = \frac{1}{2mc} (\boldsymbol{\sigma} \cdot \mathbf{p}) \Psi^{L} \qquad (8.31)$$

となり，Ψ^{L} の $1/c$ 倍程度の大きさであることがわかる．Ψ^{L} が large 成分，Ψ^{S} は small 成分と呼ばれる所以である．

8.6 多電子系の相対論的ハミルトン演算子

これまでは，一つの自由粒子に対するディラック方程式を取り扱ってきた．シュレーディンガー方程式と同様に，ディラック方程式でも電子と原子核の間の相互作用を考慮することもできる．

$$(c\boldsymbol{\alpha}\cdot\mathbf{p}+\beta mc^2+V_{\mathrm{nuc}})\Psi=E\Psi \tag{8.32}$$

V_{nuc} が電子-原子核間の相互作用項である．シュレーディンガー方程式と同じように1電子に関する波動方程式で，厳密に解けるのは1電子系に限られる．このディラック方程式のハミルトン演算子を多電子系の相対論的方程式のための出発のハミルトン演算子としよう．多電子系に対する相対論的ハートリー-フォック方程式を導出するには，非相対論の場合と同じようにすればいい．

まず，多電子系の相対論的ハミルトン演算子をみておこう．1電子系の相対論的ハミルトン演算子であるディラックハミルトン演算子を多電子系に拡張するためには，電子-電子間相互作用を考慮すればいい．このとき，非相対論の場合とは違って，電子-電子間相互作用にも相対論効果が現れてくる．電子-電子間相互作用の相対論効果があまり重要でなければ，電子-電子間相互作用演算子 $\hat{g}_{ij}$ に対して非相対論的なクーロン演算子 $\hat{g}_{ij}=1/r_{ij}$ を用いても悪くないはずである．そうすると n 電子系のハミルトン演算子は，

$$\begin{aligned}\hat{H}_{\mathrm{DC}}&=\sum_{i=1}^{n}\hat{h}_{i}^{\mathrm{D}}+\sum_{i>j}^{n}\frac{1}{r_{ij}}\\&=\sum_{i=1}^{n}\left[\,c\hat{\boldsymbol{\alpha}}_{i}\cdot\hat{p}_{i}+(\beta_{i}-1)mc^{2}+V_{\mathrm{nuc}}\,\right]+\sum_{i>j}^{n}\frac{1}{r_{ij}}\end{aligned} \tag{8.33}$$

となる．**ディラック-クーロン ハミルトン演算子** $\hat{H}_{\mathrm{DC}}$ と呼ばれる．実際に，原子や分子の計算では，電子-電子間相互作用に対する相対論効果はそれほど大きくないので，ディラック-クーロンハミルトン演算子で十分であることが多い．

相対論の要請を満たす2電子相互作用を得るためには，量子電気力学(QED) を用いる．QED から得られる電子-電子相互作用項は，微細構造定数 $\alpha\,(=1/c)$ に対し摂動級数的に展開することで実際の計算に用いられる．α^2 次まで寄与する項を考慮すると，クーロン項に加えて，**ブライト**(Breit) **相互作用**を表す演算子

$$\hat{g}_{ij}^{\mathrm{B}} = -\frac{1}{r_{ij}}\left(\alpha_i\cdot\alpha_j + \frac{(\alpha_i\cdot r_{ij})(\alpha_j\cdot r_{ij})}{r_{ij}^2}\right) \tag{8.34}$$

が得られる．あるいは，ブライト演算子を近似した**ゴウント**(Gaunt) **演算子**

$$\hat{g}_{ij}^{\mathrm{G}} = -\frac{\alpha_i\cdot\alpha_j}{r_{ij}} \tag{8.35}$$

が使われることもある．

8.7 ディラック-ハートリー-フォック法

ディラック-クーロン ハミルトン演算子やディラック-クーロン-ブライト ハミルトン演算子を使って，多電子系の原子や分子に対する波動方程式を導出しよう．非相対論の場合にハートリー-フォック近似を導入したのと同じようにすればいい．非相対論の場合と区別するために，**ディラック-ハートリー-フォック法**と呼ばれる．

ハートリー-フォック法と同様に，ディラック-ハートリー-フォック法では n 電子系の波動関数 Ψ を n 個の1電子関数 ϕ_i の反対称化積で表す．

$$\Psi = A\left(\prod_{i=1}^{n} \phi_i(r_i)\right)$$

$$= \frac{1}{\sqrt{n!}} \begin{vmatrix} \phi_1(r_1) & \phi_2(r_1) & \cdots & \phi_n(r_1) \\ \phi_1(r_2) & \phi_2(r_2) & \cdots & \phi_n(r_2) \\ \vdots & \vdots & \ddots & \vdots \\ \phi_1(r_n) & \phi_2(r_n) & \cdots & \phi_n(r_n) \end{vmatrix} \quad (8.36)$$

ただし,ハートリー-フォック法とは異なり,1電子波動関数 ϕ_i は4成分の分子スピノルとして表される.ディラック-クーロンハミルトン演算子に対する電子エネルギーは,

$$E = \langle \Psi | \hat{H}_{\mathrm{DC}} | \Psi \rangle$$
$$= \sum_{i}^{n} \langle \phi_i | \hat{h}^{\mathrm{D}} | \phi_i \rangle + \frac{1}{2} \sum_{i,j}^{n} \left(\left\langle \phi_i \phi_j \middle| \frac{1}{r_{12}} \middle| \phi_i \phi_j \right\rangle - \left\langle \phi_i \phi_j \middle| \frac{1}{r_{12}} \middle| \phi_j \phi_i \right\rangle \right) \quad (8.37)$$

で与えられる.基底関数展開を用いると,分子スピノル $|\phi_i\rangle$ は,large 成分と small 成分からなる4成分の基底スピノル $|\chi_p\rangle$ の線形結合として表される.

$$|\phi_i\rangle = \sum_{p} C_{pi} |\chi_p\rangle \quad (8.38)$$

あるいは,

$$\phi_i = \begin{pmatrix} \phi_i^{\mathrm{L}} \\ i\phi_i^{\mathrm{S}} \end{pmatrix} \quad (8.39)$$

$$\phi_i^{\mathrm{L}} = \sum_{p} C_{pi}^{\mathrm{L}} \chi_p^{\mathrm{L}} \quad (8.40)$$

$$\phi_i^{\mathrm{S}} = \sum_{p} C_{pi}^{\mathrm{S}} \chi_p^{\mathrm{S}} \quad (8.41)$$

である. C_{pi} は展開係数である. $|\phi_i\rangle$ は規格直交化条件

$$\langle \phi_i | \phi_j \rangle = \delta_{ij} \quad (8.42)$$

8.7 ディラック-ハートリー-フォック法

を満たしている．非相対論のハートリー-フォック方程式を導出したときと同様の手続きを経て，ディラック-ハートリー-フォック方程式は，

$$\mathbf{FC}_i = \mathbf{SC}_i \varepsilon_i \tag{8.43}$$

の形で与えられる．ε_i は i 番目の分子スピノルの軌道エネルギーである．相対論的なフォック行列 $\mathbf{F}$ と重なり行列 $\mathbf{S}$ は，

$$\mathbf{F}_{pq} = \begin{pmatrix} h_{pq}^{LL} + J_{pq}^{LL} - K_{pq}^{LL} & h_{pq}^{LS} - K_{pq}^{LS} \\ h_{pq}^{SL} - K_{pq}^{SL} & h_{pq}^{SS} + J_{pq}^{SS} - K_{pq}^{SS} \end{pmatrix} \tag{8.44}$$

$$\mathbf{S}_{pq} = \begin{pmatrix} S_{pq}^{LL} & 0 \\ 0 & S_{pq}^{SS} \end{pmatrix} \tag{8.45}$$

でそれぞれ与えられる．ここで，large 成分および small 成分をそれぞれ L と S で表している．フォック行列中の 1 電子部は，

$$h_{pq}^{LL} = V_{pq}^{LL} \tag{8.46}$$

$$h_{pq}^{SL} = c\Pi_{pq}^{SL} = h_{pq}^{LS*} \tag{8.47}$$

$$h_{pq}^{SS} = V_{pq}^{SS} - 2c^2 S_{pq}^{SS} \tag{8.48}$$

で定義される．これ以降，$X\bar{X}$ は LS および SL の組，XX' は LL, LS, SL, SS の組を表し，XX は LL あるいは SS の組を表すことにする．重なり積分，核ポテンシャル積分，運動エネルギー積分は，

$$S_{pq}^{XX} = \langle \chi_p^X | \chi_q^X \rangle \tag{8.49}$$

$$V_{pq}^{XX} = \langle \chi_p^X | V_{\text{nuc}} | \chi_q^X \rangle \tag{8.50}$$

$$\Pi_{pq}^{X\bar{X}} = \langle \chi_p^X | \boldsymbol{\sigma} \cdot \mathbf{p} | \chi_q^{\bar{X}} \rangle \tag{8.51}$$

である．2 電子部は，クーロン行列および交換行列

$$J_{pq}^{XX} = \sum_{r,s} (D_{rs}^{XX} J_{pqrs}^{XXXX} + D_{rs}^{\bar{X}\bar{X}} J_{pqrs}^{XX\bar{X}\bar{X}}) \tag{8.52}$$

$$K_{pq}^{XX'} = \sum_{r,s} (D_{rs}^{XX'} K_{pqrs}^{XX'XX'}) \tag{8.53}$$

である．密度行列は，

$$\mathbf{D}_{pq}^{XX'} = \left(\sum_i C_{pi}^{X*} C_{qi}^{X'}\right) \tag{8.54}$$

で定義され，クーロン積分および交換積分は，

$$\mathbf{J}_{pqrs}^{XXX'X'} = (\chi_p^X \chi_q^X | \chi_r^{X'} \chi_s^{X'}) \tag{8.55}$$

$$\mathbf{K}_{pqrs}^{XX'XX'} = (\chi_p^X \chi_s^X | \chi_r^{X'} \chi_q^{X'}) \tag{8.56}$$

である．全エネルギーは，

$$E = \sum_{X,X'} \sum_{pq} \mathbf{D}_{pq}^{XX} \mathbf{h}_{pq}^{XX'} + \frac{1}{2} \sum_{X,X'} \sum_{p,q\,r,s} [\mathbf{D}_{pq}^{XX} \mathbf{J}_{pqrs}^{XXXX} \mathbf{D}_{rs}^{\bar{X}\bar{X}} - \mathbf{D}_{pq}^{XX'} \mathbf{K}_{pqrs}^{XX'XX'} \mathbf{D}_{rs}^{XX'}] \tag{8.57}$$

で与えられる．

　非相対論の場合と比べると，少し複雑な形になっているが，基本はかわらない．したがって，ディラック-ハートリー-フォック法から出発して，第6章で勉強したポストハートリー-フォック法を用いることで，電子相関を考慮することができる．また，密度汎関数法へ拡張することも容易である．

8.8　2成分相対論的分子理論

　化学において興味の対象となる状態は通常，陽電子状態ではなく電子状態である．そこで，4成分の相対論的方程式を解くかわりに，電子状態と陽電子状態を分離して電子状態のみを取り扱う2成分相対論的近似理論が効率的な方法となる．多くの相対論的近似理論がこれまでに提案されている．ここでは，最も簡単な**ブライト-パウリ近似**（Breit-Pauli approximation）について紹介しよう．

　8.5節で，large 成分と small 成分を理解するために，外場が存在しない場合のディラック方程式から出発して Ψ^L のみに関する2成分型の波動方程式を導出した．同じことを外場 V が存在する場合でやってみよう．外場 V が存在する場合のディラック方程式は，

8.8 2成分相対論的分子理論

$$(V-E)\Psi^L + c(\boldsymbol{\sigma}\cdot\mathbf{p})\Psi^S = 0 \quad (8.58)$$

$$c(\boldsymbol{\sigma}\cdot\mathbf{p})\Psi^L + (V-E-2mc^2)\Psi^S = 0 \quad (8.59)$$

である．式 (8.59) から，

$$\Psi^S = [2mc^2 - (V-E)]^{-1} c(\boldsymbol{\sigma}\cdot\mathbf{p})\Psi^L \quad (8.60)$$

である．式 (8.58) に代入すると，

$$\left[V + (\boldsymbol{\sigma}\cdot\mathbf{p}) \frac{c^2}{2mc^2 - (V-E)} (\boldsymbol{\sigma}\cdot\mathbf{p}) \right] \Psi^L = E\Psi^L \quad (8.61)$$

が得られる．$V-E$ が $2mc^2$ に比べて十分小さい場合，

$$\frac{c^2}{2mc^2 - (V-E)} = \frac{1}{2m}\left(1 - \frac{V-E}{2mc^2}\right)^{-1} \cong \frac{1}{2m}\left(1 + \frac{V-E}{2mc^2}\right) \quad (8.62)$$

と近似できるので，式 (8.61) は，

$$\left[V + \frac{1}{2m}(\boldsymbol{\sigma}\cdot\mathbf{p})\left(1 + \frac{V-E}{2mc^2}\right)(\boldsymbol{\sigma}\cdot\mathbf{p}) \right] \Psi^L = E\Psi^L \quad (8.63)$$

となる．式 (8.63) に対し，式 (8.29) とその一般の場合である関係

$$(\boldsymbol{\sigma}\cdot\mathbf{u})(\boldsymbol{\sigma}\cdot\mathbf{v}) = \mathbf{u}\cdot\mathbf{v} + i\boldsymbol{\sigma}\cdot(\mathbf{u}\times\mathbf{v}) \quad (8.64)$$

を使うと，

$$\left[T + V + \frac{1}{4m^2c^2} \{ \mathbf{p}V\cdot\mathbf{p} + (V-E)\mathbf{p}^2 + i\boldsymbol{\sigma}\cdot(\mathbf{p}V)\times\mathbf{p} \} \right] \Psi^L = E\Psi^L \quad (8.65)$$

である．ここで，

$$T = \frac{\mathbf{p}^2}{2m} \quad (8.66)$$

で，非相対論の運動エネルギーである．古典論では $E = T + V$ であるから，式 (8.65) 中の $V - E$ を $-T$ で近似すると，

$$\left[T + V - \frac{\mathbf{p}^4}{8m^3c^2} + \frac{\mathbf{p}V\cdot\mathbf{p}}{4m^2c^2} + \frac{i\boldsymbol{\sigma}\cdot(\mathbf{p}V)\times\mathbf{p}}{4m^2c^2} \right] \Psi^L = E\Psi^L \quad (8.67)$$

となる．導出は省略するが，V が球対称なクーロンポテンシャルである場

合,式 (8.67) は,

$$\left[T + V - \frac{\mathbf{p}^4}{8m^3c^2} + \frac{Z\delta(\mathbf{r})}{8m^2c^2} + \frac{Z\mathbf{l}\cdot\mathbf{s}}{2m^2c^2r^3} \right] \Psi^L = E\Psi^L \quad (8.68)$$

になる.この方程式が**ブライト-パウリ方程式**である.ここで,lとsはそれぞれ軌道角運動量演算子とスピン角運動量演算子であり,$\delta(\mathbf{r})$ はデルタ関数である.式 (8.67) あるいは式 (8.68) の左辺 [ ] 内の第1項と第2項は,シュレーディンガー方程式と同じである.つまり,第3項以降が相対論的補正項である.第3項と第4項はそれぞれ mass velocity (質量速度) 項,**ダーウィン** (Darwin) 項と呼ばれる.第5項がこれまで何度もでてきた**スピン-軌道相互作用項**である.

相対論的有効内殻ポテンシャル

分子軌道計算において相対論効果を考慮する方法として,多電子系の4成分ディラック方程式を解く方法と,その近似に当たる2成分の相対論的方程式を解く方法があることを述べた.これらの方法は,相対論的に妥当な取り扱いをしているため分子における相対論効果の起源を明らかにするのに適しているが,系に含まれるすべての電子を取り扱うため,計算に時間がかかってしまう.そこで,原子の内殻電子をポテンシャルで置き換えてしまって,価電子のみを計算に考慮する有効内殻ポテンシャル (ECP) 法という方法が考えられている.化学結合には価電子が主に寄与するという化学者の直観に沿った方法である.多電子系ディラック方程式や相対論的近似方程式の結果に合うように内殻電子に対するポテンシャルを決めることで,相対論効果を考慮した有効内殻ポテンシャルを作ることができる.有効内殻ポテンシャルを用いて分子計算をする際には,通常,価電子に対しては非相対論方程式を解くことになるが,価電子は相対論的な内殻ポテンシャルを感じながら運動するので,間接的に相対論効果を取り込むことができる.

演習問題

[1] 水素様原子のエネルギーに対して，核電荷 Z が増加するのにつれて，相対論効果は Z の何乗で効いてくるか見積もれ．

[2] 水素様原子のエネルギーに対して，相対論効果をみてみよう．ディラック方程式を解くと，水素様原子のエネルギーは，原子単位系を用いて，

$$E_{n,j} = \frac{1}{\alpha^2}\left[\left\{1+\left(\frac{\alpha Z}{n-k+\sqrt{k^2-(\alpha Z)^2}}\right)^2\right\}^{-\frac{1}{2}} - 1\right]$$

で与えられる．ここで，n は主量子数で，$k = j + \frac{1}{2}$，$j = l \pm \frac{1}{2}$ である．l は方位量子数である．また，α は**微細構造定数** (fine structure constant) で，光速 c を使うと $\alpha = 1/c$ である．$Z = 50$ と $Z = 100$ の水素様原子の基底状態のエネルギーにおいて，相対論の寄与をそれぞれ計算せよ．光速は $c = 137.036$ とせよ．

[3] 軌道角運動量演算子を $\mathbf{l}$，スピン角運動量演算子を $\mathbf{s}$ とする．スピン-軌道相互作用のハミルトン演算子は，$\hat{H}_{SO} = \lambda \mathbf{l} \cdot \mathbf{s}$ (λ は定数) で与えられる．スピン-軌道相互作用を含むハミルトン演算子

$$\hat{H} = \hat{H}_0 + \hat{H}_{SO}$$

と，軌道角運動量演算子 $\mathbf{l}$ および全角運動量演算子 $\mathbf{j}$ ($=\mathbf{l}+\mathbf{s}$) の交換関係を調べよ．ここで，$\hat{H}_0$ はスピンを含まないハミルトン演算子である．

[4] 2電子系に対し，一重項を与えるスピン関数 S と三重項を与えるスピン関数 T_{+1}, T_0, T_{-1} を考えよう．

$$S = \frac{1}{\sqrt{2}}[\alpha(1)\beta(2) - \beta(1)\alpha(2)]$$

$$T_{+1} = \alpha(1)\alpha(2)$$

$$T_0 = \frac{1}{\sqrt{2}}[\alpha(1)\beta(2) + \beta(1)\alpha(2)]$$

$$T_{-1} = \beta(1)\beta(2)$$

(1) スピンを含まないハミルトン演算子 $\hat{H}_0$ に対し，一重項の波動関数 $^1\Psi$ と

三重項の波動関数 $^3\Psi$ がカップルしないことを示せ.

(2) スピン-軌道相互作用 $\hat{H}_{SO}$ を含むハミルトン演算子 $\hat{H}$ に対し,一重項の波動関数 $^1\Psi$ と三重項の波動関数 $^3\Psi$ がカップルすることを示せ.

[5] 式 (8.19) で与えたパウリのスピン行列について慣れておこう.パウリ行列に対する次の性質をもつことを証明せよ.ここで,ε_{ijk} はレヴィ・チヴィタの記号 (9.1.2 節を参照) である.

(1) $\sigma_l \sigma_m + \sigma_m \sigma_l = 2\delta_{lm}\mathbf{I}$

(2) $\sigma_l \sigma_m - \sigma_m \sigma_l = 2i \sum_{n=1}^{3} \varepsilon_{lmn} \sigma_n$

(3) $\sigma_l \sigma_m = \delta_{lm}\mathbf{I} + i \sum_{n=1}^{3} \varepsilon_{lmn} \sigma_n$

(4) σ_l はユニタリー行列.

(5) $\boldsymbol{\sigma} \times \boldsymbol{\sigma} = 2i\boldsymbol{\sigma}$.ここで,$\boldsymbol{\sigma} = \sum_{l=1}^{3} \mathbf{e}_l \sigma_l = (\sigma_1, \sigma_2, \sigma_3)$.

(6) パウリスピン行列と交換可能な二つの $\mathbf{u}$ と $\mathbf{v}$ に対して,式 (8.64).

[6] ブライト-パウリ近似は,周期表の下のほうの原子に対してはあまりいい近似ではないことが知られている.これは,重原子に対して $V - E$ が $2mc^2$ に比べて十分小さいとする近似がよくないことに由来する.かわりに,$2mc^2 - V$ に比べて E が十分小さいと近似して,相対論的近似方程式を導出せよ.

第9章 量子化学で必要な数学

微積分方程式である原子や分子のシュレーディンガー方程式を解く際に，量子化学では行列の問題に置きかえて解く．そこで，この章では，本書を理解する上で必要になってくるベクトルと行列の知識に関してまとめておいた．

9.1 ベクトル

9.1.1 ベクトル

ベクトル（vector）とは大きさと向きをもった量のことをいう．例えば，位置，速度，加速度，力などはベクトルである．これに対し，大きさのみをもった量を**スカラー**（scalar）という．ベクトルは実数や複素数などの数を1次元に並べて，

$$\mathbf{x} = \begin{pmatrix} x_1 \\ x_2 \\ x_3 \\ \vdots \\ x_n \end{pmatrix} \quad \text{あるいは} \quad \mathbf{x} = (x_1, x_2, x_3, \cdots, x_n) \quad (9.1)$$

のように表記する（区切りのカンマはつけないこともある）．$x_1, x_2, \cdots, x_n$ をベクトル $\mathbf{x}$ の**要素**（element）という．n 個の要素からなるベクトルを n 次元ベクトルという．横に並べたベクトルを横ベクトル，または行ベクトルと呼び，縦に並べたベクトルを縦ベクトル，または列ベクトルと呼ぶ．

9.1.2 ベクトルの演算

ベクトルの和と差

同じ次元数のベクトルに対して，ベクトルの和と差をそれぞれ式 (9.2) と式 (9.3) のように定義することができる．

$$\mathbf{x} + \mathbf{y} = \begin{pmatrix} x_1 \\ x_2 \\ x_3 \\ \vdots \\ x_n \end{pmatrix} + \begin{pmatrix} y_1 \\ y_2 \\ y_3 \\ \vdots \\ y_n \end{pmatrix} = \begin{pmatrix} x_1 + y_1 \\ x_2 + y_2 \\ x_3 + y_3 \\ \vdots \\ x_n + y_n \end{pmatrix} \tag{9.2}$$

$$\mathbf{x} - \mathbf{y} = \begin{pmatrix} x_1 \\ x_2 \\ x_3 \\ \vdots \\ x_n \end{pmatrix} - \begin{pmatrix} y_1 \\ y_2 \\ y_3 \\ \vdots \\ y_n \end{pmatrix} = \begin{pmatrix} x_1 - y_1 \\ x_2 - y_2 \\ x_3 - y_3 \\ \vdots \\ x_n - y_n \end{pmatrix} \tag{9.3}$$

ベクトルのスカラー倍

c をスカラーな定数とする．ベクトルのスカラー倍はベクトルのすべての要素を同じスカラー倍することで得られる．

$$c\mathbf{x} = c \begin{pmatrix} x_1 \\ x_2 \\ x_3 \\ \vdots \\ x_n \end{pmatrix} = \begin{pmatrix} cx_1 \\ cx_2 \\ cx_3 \\ \vdots \\ cx_n \end{pmatrix} \tag{9.4}$$

ベクトルの内積

同じ次元数をもつ二つのベクトル $\mathbf{x}$ と $\mathbf{y}$ の**内積** (inner product) は，$\mathbf{x} \cdot \mathbf{y}$ あるいは $(\mathbf{x}, \mathbf{y})$ と表記される．内積はスカラー積とも呼ばれる．$\mathbf{x}$ と $\mathbf{y}$ の

それぞれの要素 x_k, y_k $(k = 1, \cdots, n)$ を使うと内積は,

$$\mathbf{x} \cdot \mathbf{y} = \sum_{k=1}^{n} x_k^* \cdot y_k \tag{9.5}$$

で定義される (*は複素共役を表す). ベクトルの大きさ $|\mathbf{x}|$ は内積を使って,

$$|\mathbf{x}| = \sqrt{\mathbf{x} \cdot \mathbf{x}} \tag{9.6}$$

となる. ベクトルの大きさは**ノルム** (norm) とも呼ばれる. ベクトル $\mathbf{x}$ と $\mathbf{y}$ の内積が 0, つまり,

$$\mathbf{x} \cdot \mathbf{y} = 0 \tag{9.7}$$

のとき, ベクトル $\mathbf{x}$ と $\mathbf{y}$ は**直交** (orthogonal) するという. また, 定義から次の関係が導かれる.

(1) $\mathbf{x}$ と $\mathbf{y}$ の要素が実数のとき,

$$\mathbf{x} \cdot \mathbf{y} = \mathbf{y} \cdot \mathbf{x} \tag{9.8}$$

$\mathbf{x}$ と $\mathbf{y}$ の要素が複素数のとき,

$$\mathbf{x} \cdot \mathbf{y} = (\mathbf{y} \cdot \mathbf{x})^* \tag{9.9}$$

この場合, 特にエルミート内積という.

(2) $\mathbf{x} \cdot (\mathbf{y} + \mathbf{z}) = \mathbf{x} \cdot \mathbf{y} + \mathbf{x} \cdot \mathbf{z}$ \hfill (9.10)

(3) c をスカラーな定数とすると,

$$c(\mathbf{x} \cdot \mathbf{y}) = (c\mathbf{x}) \cdot \mathbf{y} = \mathbf{x} \cdot (c\mathbf{y}) \tag{9.11}$$

(4) シュワルツ (Schwarz) の不等式

$$\mathbf{x} \cdot \mathbf{y} \leq |\mathbf{x}||\mathbf{y}| \tag{9.12}$$

ベクトルの外積

二つの三次元ベクトル $\mathbf{x}$ と $\mathbf{y}$ の**外積** (outer product) は, $\mathbf{x} \times \mathbf{y}$ と書かれる. 外積はベクトル積とも呼ばれる. 外積 $\mathbf{w} = \mathbf{x} \times \mathbf{y}$ は, $\mathbf{x} = (x_1, x_2, x_3)$ と $\mathbf{y} = (y_1, y_2, y_3)$ に対して,

$$\mathbf{w} = (x_2 y_3 - x_3 y_2, \ x_3 y_1 - x_1 y_3, \ x_1 y_2 - x_2 y_1) \tag{9.13}$$

で定義される．外積 $\mathbf{w}$ は正規直交系をなす三つの単位ベクトル $\mathbf{e}_1, \mathbf{e}_2, \mathbf{e}_3$ (9.1.4 項を参照) を使って，

$$\mathbf{w} = \begin{vmatrix} \mathbf{e}_1 & \mathbf{e}_2 & \mathbf{e}_3 \\ x_1 & x_2 & x_3 \\ y_1 & y_2 & y_3 \end{vmatrix} \tag{9.14}$$

あるいは，

$$\mathbf{w} = \sum_{i,j,k=1}^{3} \varepsilon_{ijk} \mathbf{e}_i x_j y_k \tag{9.15}$$

とも表現できる．ここで，ε_{ijk} はレヴィ-チヴィタ (Levi-Civita) の記号と呼ばれ，

$$\varepsilon_{ijk} = \begin{cases} 1, & (i,j,k) \text{ が } (1,2,3), (2,3,1), (3,1,2) \text{ のとき} \\ -1, & (i,j,k) \text{ が } (1,3,2), (2,1,3), (3,2,1) \text{ のとき} \\ 0, & \text{それ以外のとき} \end{cases} \tag{9.16}$$

で定義される．外積 $\mathbf{w} = \mathbf{x} \times \mathbf{y}$ は，以下のような性質をもつ．

(1) 外積 $\mathbf{w} = \mathbf{x} \times \mathbf{y}$ は，二つのベクトル $\mathbf{x}$ と $\mathbf{y}$ に直交する．

(2) 外積 $\mathbf{w} = \mathbf{x} \times \mathbf{y}$ の向きは，$\mathbf{x}$ を $\mathbf{y}$ に向け 180° より小さい方の角の方向に回転させたとき，右ねじの進む方向である．

(3) 外積の大きさ $|\mathbf{w}| = |\mathbf{x} \times \mathbf{y}|$ はベクトル $\mathbf{x}$ と $\mathbf{y}$ の作る平行 4 辺形の面積に等しい．つまり，ベクトル $\mathbf{x}$ と $\mathbf{y}$ のなす角を θ とすると，

$$|\mathbf{w}| = |\mathbf{x} \times \mathbf{y}| = |\mathbf{x}||\mathbf{y}| \sin\theta \tag{9.17}$$

で与えられる．また，定義から以下の関係が導かれる．

(1) $\mathbf{x} \times \mathbf{y} = -\mathbf{y} \times \mathbf{x}$ \hfill (9.18)

(2) $\mathbf{x} \times (\mathbf{y} + \mathbf{z}) = \mathbf{x} \times \mathbf{y} + \mathbf{x} \times \mathbf{z}$ \hfill (9.19)

(3) c をスカラーな定数とすると，

$$c(\mathbf{x} \times \mathbf{y}) = (c\mathbf{x}) \times \mathbf{y} = \mathbf{x} \times (c\mathbf{y}) \tag{9.20}$$

9.1.3 線形結合

n 個のベクトル $x_1, x_2, \cdots, x_n$ とスカラー $c_1, c_2, \cdots, c_n$ から新しいベクトル

$$c_1 x_1 + c_2 x_2 + \cdots + c_n x_n \tag{9.21}$$

を作る．このベクトルを**線形結合**あるいは**1次結合**(英語ではともに linear combination) という．この線形結合が零ベクトル 0 になる場合，

$$c_1 x_1 + c_2 x_2 + \cdots + c_n x_n = 0 \tag{9.22}$$

を考える．$c_1, c_2, \cdots, c_n$ がすべて 0 である以外に上記の関係が成り立たないとき，$x_1, x_2, \cdots, x_n$ は互いに**線形独立**あるいは**1次独立** (linear independent) であるという．また線形独立でない場合，**線形従属**または**1次従属** (linear dependent) であるという．

9.1.4 正規直交

大きさが 1 のベクトルを**単位ベクトル** (unit vector) という．三つの単位ベクトル e_1, e_2, e_3 を考えて，これらがクロネッカー (Kronecker) のデルタ記号を使って，

$$e_i \cdot e_j = \delta_{ij}, \quad i, j = 1, 2, 3 \tag{9.23}$$

であるとき，言いかえれば，これらの単位ベクトルが互いに直交しているとき，これらのベクトルは**正規直交** (orthonormal) 系をなすという．正規直交系をなす e_1, e_2, e_3 は，三次元ベクトル空間をなす基底である．つまり，この三つの正規直交ベクトルの線形結合を使って，すべての三次元ベクトルを表現することができる．

線形独立なベクトル $x_1, x_2, \cdots, x_n$ が互いに正規直交ではないような場合でも，そこから正規直交系をなすベクトルの組を作ることができる．このような方法として**シュミット** (Schmidt) **の正規直交化法** (あるいは**グラム-シュミット** (Gram-Schmidt) **の正規直交化法**) という方法が知られている．シュミットの正規直交化法では，

(1) ベクトル $x_1, x_2, \cdots, x_n$ から新しい線形結合

$$\mathbf{x}'_i = c_1 \mathbf{x}_1 + c_2 \mathbf{x}_2 + \cdots + c_n \mathbf{x}_n \tag{9.24}$$

を作って，互いに直交するように係数 c_i を決定する．
(2) その後，$\mathbf{x}'_i$ のノルムが 1 になるようにする．
という手続きから正規直交ベクトルの組を得ることができる．例えば，ベクトル $\mathbf{x}_1$ を選んで，

$$\mathbf{x}'_1 = \mathbf{x}_1 \tag{9.25}$$

と置く．次に，$\mathbf{x}_2$ のかわりに $\mathbf{x}'_1$ と直交するように，

$$\mathbf{x}'_2 = \mathbf{x}_2 - \frac{(\mathbf{x}'_1, \mathbf{x}_2)}{(\mathbf{x}'_1, \mathbf{x}'_1)} \mathbf{x}'_1 \tag{9.26}$$

とする．引き続き，$\mathbf{x}_3$ が $\mathbf{x}'_1$, $\mathbf{x}'_2$ と直交するように係数を決めると，

$$\mathbf{x}'_3 = \mathbf{x}_3 - \frac{(\mathbf{x}'_1, \mathbf{x}_3)}{(\mathbf{x}'_1, \mathbf{x}'_1)} \mathbf{x}'_1 - \frac{(\mathbf{x}'_2, \mathbf{x}_3)}{(\mathbf{x}'_2, \mathbf{x}'_2)} \mathbf{x}'_2 \tag{9.27}$$

となる．これを繰り返すことにより，

$$\mathbf{x}'_i = \mathbf{x}_i - \frac{(\mathbf{x}'_1, \mathbf{x}_i)}{(\mathbf{x}'_1, \mathbf{x}'_1)} \mathbf{x}'_1 - \cdots - \frac{(\mathbf{x}'_{i-1}, \mathbf{x}_i)}{(\mathbf{x}'_{i-1}, \mathbf{x}'_{i-1})} \mathbf{x}'_{i-1} \tag{9.28}$$

から直交ベクトルの組を得ることができる．その後，$\mathbf{x}'_i$ のノルムが 1 になるように，

$$\mathbf{x}''_i = \frac{\mathbf{x}'_i}{|\mathbf{x}'_i|} \tag{9.29}$$

とすれば，正規直交ベクトルの組が得られる．

9.2 行列と行列式

9.2.1 行列

数の配列を表のように書いたものを**行列** (matrix) という．

$$A = \begin{pmatrix} a_{11} & a_{12} & a_{13} & \cdots & a_{1n} \\ a_{21} & a_{22} & a_{23} & \cdots & a_{2n} \\ a_{31} & a_{32} & a_{33} & \cdots & a_{3n} \\ \vdots & \vdots & \vdots & \vdots & \vdots \\ a_{m1} & a_{m2} & a_{m3} & \cdots & a_{mn} \end{pmatrix} = (a_{ij}) \quad (i=1,\cdots,m \,;\, j=1,\cdots,n) \quad (9.30)$$

行列の各成分は，ベクトルの場合と同じように，**要素**と呼ばれる．行列の横の並びを**行** (row) と呼び，縦の並びは**列** (column) という．例えば，式 (9.30) の行列 A において 3 行 2 列の要素は a_{32} である．また，式 (9.30) の行列 A は m 個の行と n 個の列をもっているので，m 行 n 列の行列，あるいは $m \times n$ 行列という．ベクトルは 1 行あるいは 1 列の行列とみなすことができる．

m と n が等しい場合，その行列を (n 次の) **正方行列** (square matrix) と呼ぶ．正方行列 A の対角要素の和を A の**トレース** (trace) あるいは**シュプール** (Spur) といい，tr A や Spur A と表記する．正方行列のうち，その対角成分以外が 0 であるような行列のことを**対角行列** (diagonal matrix) と呼ぶ．特に，対角要素がすべて 1 で，それ以外の要素が 0 である場合，**単位行列** (identity matrix) といい，**1** や **I** あるいは **E** と表記される．

$$1 = \begin{pmatrix} 1 & 0 & 0 & \cdots & 0 \\ 0 & 1 & 0 & \cdots & 0 \\ 0 & 0 & 1 & \cdots & 0 \\ \vdots & \vdots & \vdots & \ddots & \vdots \\ 0 & 0 & 0 & \cdots & 1 \end{pmatrix} \quad (9.31)$$

単位行列の要素はクロネッカーのデルタ δ_{ij} を用いると，

$$a_{ij} = \delta_{ij} \quad (9.32)$$

と書くことができる．また，すべての要素が 0 である場合，**零行列** (zero matrix) といい，**0** と記される．

$$\mathbf{0} = \begin{pmatrix} 0 & 0 & 0 & \cdots & 0 \\ 0 & 0 & 0 & \cdots & 0 \\ 0 & 0 & 0 & \cdots & 0 \\ \vdots & \vdots & \vdots & \ddots & \vdots \\ 0 & 0 & 0 & \cdots & 0 \end{pmatrix} \tag{9.33}$$

9.2.2 行列の演算

行列の和と差

二つの行列どうしの和と差は,

$$\begin{pmatrix} a_{11} & a_{12} & a_{13} \\ a_{21} & a_{22} & a_{23} \end{pmatrix} + \begin{pmatrix} b_{11} & b_{12} & b_{13} \\ b_{21} & b_{22} & b_{23} \end{pmatrix} = \begin{pmatrix} a_{11}+b_{11} & a_{12}+b_{12} & a_{13}+b_{13} \\ a_{21}+b_{21} & a_{22}+b_{22} & a_{23}+b_{23} \end{pmatrix} \tag{9.34}$$

$$\begin{pmatrix} a_{11} & a_{12} & a_{13} \\ a_{21} & a_{22} & a_{23} \end{pmatrix} - \begin{pmatrix} b_{11} & b_{12} & b_{13} \\ b_{21} & b_{22} & b_{23} \end{pmatrix} = \begin{pmatrix} a_{11}-b_{11} & a_{12}-b_{12} & a_{13}-b_{13} \\ a_{21}-b_{21} & a_{22}-b_{22} & a_{23}-b_{23} \end{pmatrix} \tag{9.35}$$

でそれぞれ与えられる. 要素 a_{ij} の行列 **A** と要素 b_{ij} の行列 **B** との和と差から得られる行列 **C** と **D** の要素 c_{ij}, d_{ij} はそれぞれ,

$$c_{ij} = a_{ij} + b_{ij} \tag{9.36}$$

$$d_{ij} = a_{ij} - b_{ij} \tag{9.37}$$

となる. 行列 **A** と行列 **B** の行と列の数は同じでなければならない.

行列の積

二つの行列どうしの積はそれぞれ,

$$\begin{pmatrix} a_{11} & a_{12} & a_{13} \\ a_{21} & a_{22} & a_{23} \end{pmatrix} \begin{pmatrix} b_{11} & b_{12} \\ b_{21} & b_{22} \\ b_{31} & b_{32} \end{pmatrix} = \begin{pmatrix} a_{11}b_{11}+a_{12}b_{21}+a_{13}b_{31} \\ a_{21}b_{12}+a_{22}b_{22}+a_{23}b_{32} \end{pmatrix} \tag{9.38}$$

で与えられる. 要素 a_{ij} の行列 **A** と要素 b_{ij} の行列 **B** との積から得られる行

列 C の要素 c_{ij} は,

$$c_{ij} = \sum_{k=1}^{n} a_{ik}b_{kj} \tag{9.39}$$

となる.一般に AB と BA は等しくない.AB と BA が等しいとき,行列 A と B は**交換可能**あるいは**可換**(ともに commutative)であるという.行列 A と B が交換可能であることは交換子を使って,

$$[A, B] \equiv AB - BA = 0 \tag{9.40}$$

のように書くことができる.

9.2.3 種々の行列

転置行列

m 行 n 列の行列 A に対して,i 行 j 列の要素と j 行 i 列の要素を入れかえた n 行 m 列の行列を**転置行列**(transposed matrix)という.転置行列は A^T や ^tA と表記される.

対称行列

正方行列 A の i 行 j 列の要素 a_{ij} と j 行 i 列の要素 a_{ji} が等しい場合,A は**対称行列**(symmetric matrix)と呼ばれる.言いかえれば,

$$A^T = A \tag{9.41}$$

のとき,A は対称行列である.

エルミート行列

行列 A の要素 a_{ij} を共役複素数 a_{ij}^* で置きかえた行列を A^* と記す.

$$A^T = A^* \tag{9.42}$$

を満たす場合,A は**エルミート行列**(Hermitian matrix)であるという.

エルミート共役行列

行列 $\mathbf{A}$ に対し,複素共役と転置をとることで得られる行列を $\mathbf{A}^\dagger$ と記し,**エルミート共役行列** (Hermitian conjugate matrix) と呼ぶ.

逆行列

n 次の正方行列 $\mathbf{A}$ に対し,$\mathbf{XA} = \mathbf{AX} = \mathbf{1}$ となる行列が存在する場合,$\mathbf{A}$ は**正則行列** (regular matrix) と呼ばれる.また,このような $\mathbf{X}$ を $\mathbf{A}$ の**逆行列** (inverse matrix) といい,$\mathbf{A}^{-1}$ と表記される.

転置行列,エルミート共役行列,逆行列の性質

転置行列 $\mathbf{A}^\mathrm{T}$,エルミート共役行列 $\mathbf{A}^\dagger$,逆行列 $\mathbf{A}^{-1}$ は共通して,次の性質をもつ.

$$(\mathbf{A}^a)^a = \mathbf{A} \tag{9.43}$$

$$(\mathbf{AB})^a = \mathbf{B}^a \mathbf{A}^a \tag{9.44}$$

9.2.4 行列式

正方行列

$$\mathbf{A} = \begin{pmatrix} a_{11} & a_{12} & \cdots & a_{1n} \\ a_{21} & a_{22} & \cdots & a_{2n} \\ \vdots & \vdots & \ddots & \vdots \\ a_{n1} & a_{n2} & \cdots & a_{nn} \end{pmatrix} \tag{9.45}$$

に対する**行列式** (determinant) は $|\mathbf{A}|$,あるいは $\det \mathbf{A}$ と表記される.具体的に要素まで明記すると,

$$|\mathbf{A}| = \det \mathbf{A} = \begin{vmatrix} a_{11} & a_{12} & \cdots & a_{1n} \\ a_{21} & a_{22} & \cdots & a_{2n} \\ \vdots & \vdots & \ddots & \vdots \\ a_{n1} & a_{n2} & \cdots & a_{nn} \end{vmatrix} \tag{9.46}$$

のようになる.

この n 次の正方行列 $\mathbf{A}$ に対して, a_{ij} を含む i 行と j 列を除いて作られる $(n-1)$ 次正方行列の行列式に $(-1)^{i+j}$ をかけたものを**余因子** (cofactor) という. 余因子を A_{ij} で表すと, 行列式 $|\mathbf{A}|$ は,

$$|\mathbf{A}| = a_{i1}A_{i1} + a_{i2}A_{i2} + \cdots + a_{in}A_{in} \tag{9.47}$$

で与えられる. これを行列式の**余因子展開** (cofactor expansion) という.

9.2.5 行列式の計算
サラスの方法

2次正方行列

$$\mathbf{A}_2 = \begin{pmatrix} a_{11} & a_{12} \\ a_{21} & a_{22} \end{pmatrix} \tag{9.48}$$

と3次正方行列

$$\mathbf{A}_3 = \begin{pmatrix} a_{11} & a_{12} & a_{13} \\ a_{21} & a_{22} & a_{23} \\ a_{31} & a_{32} & a_{33} \end{pmatrix} \tag{9.49}$$

の行列式を求めるときには, **サラス** (Sarrus) **の方法 (図9.1)** と呼ばれるたすきがけの方法が便利である. サラスの方法では, 左上から右下の方向に $+$, 右上から左下の方向に $-$ の符号をつけて積を取り, それらの和を取ることで行列式を得ることができる.

$$|\mathbf{A}_2| = a_{11}a_{22} - a_{12}a_{21} \tag{9.50}$$

$$|\mathbf{A}_3| = a_{11}a_{22}a_{33} + a_{12}a_{23}a_{31} + a_{13}a_{32}a_{21} - a_{13}a_{22}a_{31} - a_{12}a_{21}a_{33} - a_{11}a_{32}a_{23} \tag{9.51}$$

余因子展開による方法

サラスの方法は2次と3次の正方行列にしか使えない. 一般の正方行列に

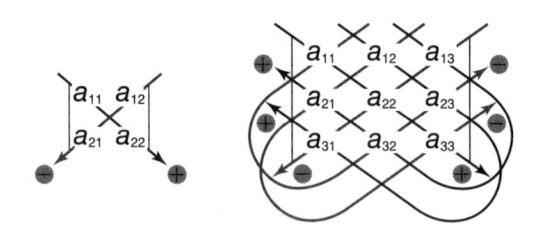

図 9.1 サラスの方法

対して行列式を求めるためには，**余因子展開**を使うことができる．余因子展開することで行列式の次数は一つ小さくなるので，展開を繰り返せば元の行列式を小さな行列式に帰着させることができる．順列 $(1, 2, \cdots, n)$ の順序を p 回の互換で入れかえて，新しい順列 $P = (p_1, p_2, \cdots, p_n)$ を作ることにする．この順列を使うと，余因子展開を繰り返し使うことで最終的に行列式は，

$$|\mathbf{A}| = \sum_P (-1)^p a_{i1} a_{i2} \cdots a_{in} \tag{9.52}$$

となる．ここで，和はすべての順列の組み合わせについてとる．

9.2.6 行列式の性質

行列式の性質をまとめると以下のようになる．

(1) 二つの行（あるいは列）を交換すると行列式の符号がかわる．

$$\begin{vmatrix} a_{11} & a_{12} & a_{13} \\ a_{31} & a_{32} & a_{33} \\ a_{21} & a_{22} & a_{23} \end{vmatrix} = (-1) \begin{vmatrix} a_{11} & a_{12} & a_{13} \\ a_{21} & a_{22} & a_{23} \\ a_{31} & a_{32} & a_{33} \end{vmatrix} \tag{9.53}$$

(2) 行列式の中に同じ成分をもつ行（あるいは列）が二つあれば，行列式は 0 となる．

$$\begin{vmatrix} a_{11} & a_{12} & a_{13} \\ a_{21} & a_{22} & a_{23} \\ a_{21} & a_{22} & a_{23} \end{vmatrix} = 0 \tag{9.54}$$

(3) ある行（あるいは列）の要素がすべて 0 ならば，行列式は 0 となる．

$$\begin{vmatrix} a_{11} & a_{12} & a_{13} \\ 0 & 0 & 0 \\ a_{31} & a_{32} & a_{33} \end{vmatrix} = 0 \tag{9.55}$$

(4) ある行（あるいは列）を定数倍すると，行列式は同じ定数倍になる．

$$\begin{vmatrix} a_{11} & a_{12} & a_{13} \\ ca_{21} & ca_{22} & ca_{23} \\ a_{31} & a_{32} & a_{33} \end{vmatrix} = c \begin{vmatrix} a_{11} & a_{12} & a_{13} \\ a_{21} & a_{22} & a_{23} \\ a_{31} & a_{32} & a_{33} \end{vmatrix} \tag{9.56}$$

(5) ある行（あるいは列）の定数倍を他の行（あるいは列）に足したり引いたりしても行列式の値はかわらない．

$$\begin{vmatrix} a_{11} & a_{12} & a_{13} \\ a_{21} & a_{22} & a_{23} \\ a_{31}+ca_{21} & a_{32}+ca_{22} & a_{33}+ca_{23} \end{vmatrix} = \begin{vmatrix} a_{11} & a_{12} & a_{13} \\ a_{21} & a_{22} & a_{23} \\ a_{31} & a_{32} & a_{33} \end{vmatrix} \tag{9.57}$$

(6) 転置行列の行列式は，もとの行列の行列式に等しい．

$$|\mathbf{A}^{\mathrm{T}}| = |\mathbf{A}| \tag{9.58}$$

(7) 二つの行列の積の行列式はそれぞれの行列式の積に等しい．

$$|\mathbf{AB}| = |\mathbf{A}||\mathbf{B}| \tag{9.59}$$

(8) 上 3 角行列あるいは下 3 角行列の行列式は対角要素の積で与えられる．

$$\begin{vmatrix} a_{11} & a_{12} & a_{13} \\ 0 & a_{22} & a_{23} \\ 0 & 0 & a_{33} \end{vmatrix} = a_{11}a_{22}a_{33} \tag{9.60}$$

9.2.7 連立 1 次方程式の解き方

連立 1 次方程式

$$
\begin{aligned}
a_{11}x_1 + a_{12}x_2 + \cdots + a_{1n}x_n &= b_1 \\
a_{21}x_1 + a_{22}x_2 + \cdots + a_{2n}x_n &= b_2 \\
&\vdots \\
a_{n1}x_1 + a_{n2}x_2 + \cdots + a_{nn}x_n &= b_n
\end{aligned}
\tag{9.61}
$$

は行列とベクトルを使って書くと,

$$
\begin{pmatrix} a_{11} & a_{12} & \cdots & a_{1n} \\ a_{21} & a_{22} & \cdots & a_{2n} \\ \vdots & \vdots & \ddots & \vdots \\ a_{n1} & a_{n2} & \cdots & a_{nn} \end{pmatrix} \begin{pmatrix} x_1 \\ x_2 \\ \vdots \\ x_n \end{pmatrix} = \begin{pmatrix} b_1 \\ b_2 \\ \vdots \\ b_n \end{pmatrix}
\tag{9.62}
$$

のように書くことができる. この連立1次方程式は,

$$
\mathbf{A} = \begin{pmatrix} a_{11} & a_{12} & \cdots & a_{1n} \\ a_{21} & a_{22} & \cdots & a_{2n} \\ \vdots & \vdots & \ddots & \vdots \\ a_{n1} & a_{n2} & \cdots & a_{nn} \end{pmatrix}, \; \mathbf{b} = \begin{pmatrix} b_1 \\ b_2 \\ \vdots \\ b_n \end{pmatrix}, \; \mathbf{x} = \begin{pmatrix} x_1 \\ x_2 \\ \vdots \\ x_n \end{pmatrix}
\tag{9.63}
$$

とおくと,

$$
\mathbf{A}\mathbf{x} = \mathbf{b}
\tag{9.64}
$$

となる. 連立1次方程式の解法として, ここではクラメール (Cramer) の公式とガウスの消去法を紹介する.

クラメールの公式

連立1次方程式の解は行列式を用いることで,

9.2 行列と行列式

$$x_i = \frac{\begin{vmatrix} a_{11} & \cdots & a_{1,i-1} & b_1 & a_{1,i+1} & \cdots & a_{1n} \\ a_{21} & \cdots & a_{2,i-1} & b_2 & a_{2,i+1} & \cdots & a_{2n} \\ \vdots & \vdots & \vdots & \vdots & \vdots & & \vdots \\ a_{n1} & \cdots & a_{n,i-1} & b_n & a_{n,i+1} & \cdots & a_{nn} \end{vmatrix}}{\begin{vmatrix} a_{11} & a_{12} & \cdots & a_{1n} \\ a_{21} & a_{22} & \cdots & a_{2n} \\ \vdots & \vdots & \ddots & \vdots \\ a_{n1} & a_{n2} & \cdots & a_{nn} \end{vmatrix}} \tag{9.65}$$

で与えられる．これを**クラメールの公式**と呼ぶ．

ガウスの消去法

連立 1 次方程式の 2 番目以降の方程式から最初の方程式を使って変数 x_1 を消去する．すると，

$$\begin{aligned} a_{11}x_1 + a_{12}x_2 + \cdots + a_{1n}x_n &= b_1 \\ 0 x_1 + \left(a_{22} - \frac{a_{21}}{a_{11}} a_{12}\right) x_2 + \cdots + \left(a_{2n} - \frac{a_{21}}{a_{11}} a_{1n}\right) x_n &= b_2 - \frac{a_{21}}{a_{11}} b_1 \\ &\vdots \\ 0 x_1 + \left(a_{n2} - \frac{a_{n1}}{a_{11}} a_{12}\right) x_2 + \cdots + \left(a_{nn} - \frac{a_{n1}}{a_{11}} a_{1n}\right) x_n &= b_n - \frac{a_{n1}}{a_{11}} b_1 \end{aligned} \tag{9.66}$$

となる．これを行列の形で書くと，

$$\begin{pmatrix} a_{11} & a_{12} & \cdots & a_{1n} \\ 0 & a_{22} - \frac{a_{21}}{a_{11}} a_{12} & \cdots & a_{2n} - \frac{a_{21}}{a_{11}} a_{1n} \\ \vdots & \vdots & \ddots & \vdots \\ 0 & a_{n2} - \frac{a_{n1}}{a_{11}} a_{12} & \cdots & a_{nn} - \frac{a_{n1}}{a_{11}} a_{1n} \end{pmatrix} \begin{pmatrix} x_1 \\ x_2 \\ \vdots \\ x_n \end{pmatrix} = \begin{pmatrix} b_1 \\ b_2 - \frac{a_{21}}{a_{11}} b_1 \\ \vdots \\ b_n - \frac{a_{n1}}{a_{11}} b_1 \end{pmatrix} \tag{9.67}$$

と書くことができる．これを繰り返すことで，

$$\begin{pmatrix} a_{11} & a_{12} & \cdots & a_{1n} \\ 0 & a'_{22} & \cdots & a'_{2n} \\ \vdots & \vdots & \ddots & \vdots \\ 0 & 0 & \cdots & a'_{nn} \end{pmatrix} \begin{pmatrix} x_1 \\ x_2 \\ \vdots \\ x_n \end{pmatrix} = \begin{pmatrix} b_1 \\ b'_2 \\ \vdots \\ b'_n \end{pmatrix} \quad (9.68)$$

のような上3角行列を作ることができる．この操作のことを前進消去という．この式の n 行目から x_n を得ることができる．x_n が求まると，$(n-1)$ 行目の式から x_{n-1} を求めることができる．このようにして，すべての x_i を決めることができる．この操作のことを後退代入という．このような連立1次方程式の解法を**ガウスの消去法**と呼ぶ．

9.3 行列の対角化

9.3.1 固有値と固有ベクトル

行列 $\mathbf{A}$ の方程式

$$\mathbf{A}\mathbf{x} = \lambda \mathbf{x} \quad (9.69)$$

が $\mathbf{x} \neq 0$ であるベクトル $\mathbf{x}$ を解にもつ場合，λ を $\mathbf{A}$ の**固有値**，$\mathbf{x}$ を固有値 λ に属する**固有ベクトル**という．解が存在するための必要十分条件は，

$$|\mathbf{A} - \lambda \mathbf{1}| = 0 \quad (9.70)$$

で与えられる．この方程式のことを**固有方程式** (characteristic equation) あるいは特性方程式という．特に，行列 $\mathbf{A}$ が実対称行列またはエルミート行列のときは，**永年方程式** (secular equation) ともいわれる．この方程式を解くことで，n 次正方行列 $\mathbf{A}$ に対して一般に重複を含めて n 個の固有値が得られ，対応する固有ベクトルが決定できる．

9.3.2 対角化

正方行列 $\mathbf{A}$ は，適当な正則行列 $\mathbf{U}$ を用いて変換を施すことにより対角化することができる．

$$U^{-1}AU = D \qquad (9.71)$$

ここで，D は対角行列である．変換行列 U のことを**直交行列**という．A が特にエルミート行列である場合，U は**ユニタリー行列**である．ユニタリー行列とは，

$$U^\dagger U = UU^\dagger = 1 \qquad (9.72)$$

を満たす行列 U のことをいう．

9.3.3 2次形式

n 次の実対称行列 A の要素 a_{ij} とベクトル x の要素 x_i を使って，

$$x^T A x = (x, Ax) = \sum_{i=1}^{n}\sum_{j=1}^{n} a_{ij} x_i x_j \qquad (9.73)$$

は，すべての項が2次式になっている多項式である．この多項式のことを**2次形式** (quadratic form) という．また，A がエルミート行列の場合は，

$$x^\dagger A x = (x, Ax) = \sum_{i=1}^{n}\sum_{j=1}^{n} a_{ij} x_i^* x_j \qquad (9.74)$$

の多項式を**エルミート形式**と呼ぶ（∗は複素共役を表す）．

すべての項が x_i^2 のように2乗の形で表されている2次形式のことを特に**標準形** (normal form) という．2次形式もしくはエルミート形式は，適当な直交変換あるいはユニタリー変換

$$x = Ux' \qquad (9.75)$$

によって，標準形

$$\sum_{i=1}^{n} \lambda_i |x_i|^2 \qquad (9.76)$$

に変換することができる．この変換のことを2次形式あるいはエルミート形式の**標準化** (normalization) という．

9.3.4 エルミート行列の性質

エルミート行列の性質をまとめると以下のようになる．

(1) エルミート行列はユニタリー行列により対角化することが可能である（9.3.2項参照）．
(2) エルミート行列の固有値はすべて実数である．
(3) すべての要素が正の値であるエルミート行列（正値エルミート行列）の固有値は全て正の実数である．
(4) 相異なる固有値をもつ固有ベクトルは互いに直交する．

さらに勉強したい人たちのために

　本書では紙面の都合もあり，量子化学の中で限られたトピックスしか扱っていない．以下に，本書を補い，さらに量子化学を理解するために格好の参考書を挙げておく．

大野公一：『量子物理化学』東京大学出版会 (1989).
　演習問題が豊富で，量子化学のみならず物理化学を学習するための好書．

大野公一：『量子化学』化学入門コース 6，岩波書店 (1996).
　量子化学の基礎を自習するのに適している．

原田義也：『量子化学 (上巻), (下巻)』裳華房 (2007).
　量子化学で必要なトピックスを万遍なく取り扱っており，独学で量子化学を勉強するのに最適な参考書．

D. A. McQuarrie, J. D. Simon：『物理化学―分子論的アプローチ (上), (下)』千原秀昭・斎藤一弥・江口太郎 共訳，東京化学同人 (1999, 2000).
　多くの物理化学の参考書の中で，ミクロな立場から物理化学を捉えた独特な書．

M. W. Hanna：『化学のための量子力学』柴田周三 訳，培風館 (1985).
　丁寧な導出と豊富な演習を通して，量子化学の基礎を理解することができる好書．

米澤貞次郎・永田親義・加藤博史・今村 詮・諸熊奎治：『三訂 量子化学入門 (上), (下)』化学同人 (1983).
　内容はすでに古いところも多々見られるが，当時の日本の量子化学者の熱い思いが伝わってくる良書．実際に量子化学計算をする際に何をしたらいいか，何をしなければいけないか理解するのに大いに役に立つ．

福井謙一：『量子化学』朝倉書店 (1968).
　日本で唯一といってもいい本格的な量子化学の参考書．

藤本 博：『有機反応軌道入門―フロンティア軌道の新展開』講談社 (1998).
　著者が福井謙一と共に発展させてきたフロンティア軌道理論とその後の展開について詳しい．

小出昭一郎:『量子力学(I), (II)』基礎物理学選書5A, 5B, 裳華房 (1990).
　化学者にも取り組みやすい量子論の入門書.

A. Szabo, N. S. Ostlund:『新しい量子化学-電子構造の理論入門(上), (下)』大野公男・阪井健男・望月祐志 共訳, 東京大学出版会 (1987, 1988).
　ハートリー・フォック法と電子相関法について具体例を交えながら丁寧に解説した分子理論の参考書. 特にハートリー・フォック法の説明は優れている.

平尾公彦・永瀬 茂:『分子理論の展開』岩波講座 現代化学への入門 17, 岩波書店 (2002).
　最近の分子理論の概略を傍観するのに適した分子理論の入門書.

演習問題解答

第1章

[1] 核電荷Zをもつ水素様原子では，原子核と電子の間のクーロン引力と電子の運動による遠心力の釣り合いは，

$$\frac{p^2}{mr} = \frac{Ze^2}{r^2}$$

となる．あとは水素原子に対して求めたのと同じように計算すればいい．結局，水素様原子のエネルギーE_nとボーア半径a_Bは，

$$E_n = -\frac{mZ^2e^4}{2\hbar^2} \cdot \frac{1}{n^2}$$

$$a_B = \frac{\hbar^2}{mZe^2}$$

となる．

[2] 式 (1.11) のド・ブロイの関係式から，トラックのド・ブロイ波長λは，

$$\lambda = \frac{6.626 \times 10^{-34}}{(1000) \times (100 \times 10^3/3600)} \, \text{m} = 2.385 \times 10^{-38} \, \text{m}$$

となる．われわれが目にしている物体では，波動性の効果が無視できるくらい小さいことがわかるだろう．

[3]
$$\int_{-\infty}^{+\infty} f^* \left(\frac{\hbar}{i}\frac{d}{dx} g\right) dx = \int_{-\infty}^{+\infty} g \left(\frac{\hbar}{i}\frac{d}{dx}\right)^* f^* \, dx$$

であることが示せればいいが，部分積分を使うと，

$$\int_{-\infty}^{+\infty} f^* \left(\frac{\hbar}{i}\frac{d}{dx} g\right) dx = \frac{\hbar}{i}[f^*g]_{-\infty}^{+\infty} - \frac{\hbar}{i}\int_{-\infty}^{+\infty} \frac{df^*}{dx} g \, dx$$

$$= \int_{-\infty}^{+\infty} g \left(\frac{\hbar}{i}\frac{d}{dx}\right)^* f^* \, dx$$

であることがわかる．

[4] 基底状態の波動関数は,

$$\Psi_1(x) = \sqrt{\frac{2}{L}} \sin\left(\frac{\pi}{L}x\right)$$

であり,規格化されている.期待値は,式 (1.43) で定義されるので,

$$\langle \hat{p}_x \rangle = \frac{2\hbar}{iL} \int_0^L \sin\left(\frac{\pi}{L}x\right) \frac{d}{dx} \sin\left(\frac{\pi}{L}x\right) dx$$

$$= \frac{2\hbar\pi}{iL^2} \int_0^L \sin\left(\frac{\pi}{L}x\right) \cos\left(\frac{\pi}{L}x\right) dx = 0$$

$$\langle \hat{p}_x{}^2 \rangle = -\frac{2\hbar^2}{L} \int_0^L \sin\left(\frac{\pi}{L}x\right) \frac{d^2}{dx^2} \sin\left(\frac{\pi}{L}x\right) dx$$

$$= \frac{2\hbar^2\pi^2}{L^3} \int_0^L \sin^2\left(\frac{\pi}{L}x\right) dx = \frac{\hbar^2\pi^2}{L^2}$$

[5] (1) 規格化条件は,

$$\int_0^{2\pi} \Psi_n^* \Psi_n \, d\theta = 1$$

である.これより,

$$A^2 \int_0^{2\pi} \exp(-in\theta) \exp(in\theta) \, d\theta = A^2 \int_0^{2\pi} d\theta = 2\pi A^2 = 1$$

となるから,

$$A = \pm\sqrt{\frac{1}{2\pi}}$$

(2) $E_n = \langle \Psi_n | \hat{H} | \Psi_n \rangle$

$$= -\frac{\hbar^2}{2mr^2} \frac{1}{2\pi} \int_0^{2\pi} \exp(-in\theta) \frac{d^2}{d\theta^2} \exp(in\theta) \, d\theta$$

$$= \frac{\hbar^2}{2mr^2} n^2$$

[6] 1次元の場合の波動関数とエネルギーは,

$$\Psi_n(x) = \sqrt{\frac{2}{L}} \sin\left(n\frac{\pi}{L}x\right)$$

$$E_n = \frac{\hbar^2\pi^2}{2mL^2}n^2, \quad n = 1, 2, 3, \cdots$$

である．3次元の調和振動子のときと同じように，変数分離の方法を用いる．結局，3次元の場合の波動関数とエネルギーは,

$$\Psi_n(x, y, z) = \Psi_n(x)\Psi_n(y)\Psi_n(z)$$

$$= \sqrt{\frac{8}{LMN}} \sin\left(n_x\frac{\pi}{L}x\right)\sin\left(n_y\frac{\pi}{M}y\right)\sin\left(n_z\frac{\pi}{N}z\right)$$

$$E_n = E_{n_x} + E_{n_y} + E_{n_z} = \frac{\hbar^2\pi^2}{2m}\left(\frac{n_x^2}{L^2} + \frac{n_y^2}{M^2} + \frac{n_z^2}{N^2}\right), \quad n_x, n_y, n_z = 1, 2, 3, \cdots$$

[7] 質量 m_{127_I} のヨウ素と質量 $m_{^1H}$ の水素 ^1H の換算質量

$$\mu = \frac{m_{127_I} m_{^1H}}{m_{127_I} + m_{^1H}}$$

を使ったときの固有振動数は,

$$\nu = \frac{1}{2\pi}\sqrt{\frac{k}{\mu}}$$

で与えられる．厳密には，この固有振動数を使って計算すればいい．しかしながら，ヨウ素 ^{127}I の質量は水素 ^1H と比べて十分大きいので，ヨウ素の運動を固定して考えることができる．このときの固有振動数は式 (1.85) で与えられ,

$$\nu_{^1H} = \frac{1}{2\pi}\sqrt{\frac{k}{m_{^1H}}}$$

である．同じように，重水素 D (^2H) のときの固有振動数は,

$$\nu_{^2H} = \frac{1}{2\pi}\sqrt{\frac{k}{m_{^2H}}}$$

となる．これから,

$$\nu_{^2H} = \sqrt{\frac{m_{^1H}}{m_{^2H}}}\,\nu_{^1H}$$

の関係が得られるので，
$$\nu_{^2\mathrm{H}} = \sqrt{\frac{1}{2}} \times 2310 = 1633 \text{ cm}^{-1}$$

第 2 章

[1] (1) $\left(-\dfrac{\hbar^2}{2m}\nabla^2 - \dfrac{Ze^2}{r}\right)\Psi = E\Psi$

ただし，電子と原子核の換算質量を電子の質量で近似した．

(2) $\sqrt{Z}e \to e$ と置き換えると，上の方程式は水素原子のシュレーディンガー方程式と同じ形になる．

$$E = -\frac{mZ^2e^4}{2\hbar^2}$$

$$\Psi = \frac{1}{\sqrt{\pi}}\left(\frac{Z}{a_0}\right)^{\frac{3}{2}}\exp(-\rho), \quad \rho = \frac{Zr}{a_0}, \quad a_0 = \frac{\hbar^2}{me^2}$$

[2] (1) $2\mathrm{p}_z$ 軌道は $n=2$, $l=1$, $m=0$ である．式 (2.32) と式 (2.43) を使うと，

$$\Psi_{2\mathrm{p}_z} = R_{2,1} \times Y_{1,0} = \frac{1}{2\sqrt{6}}r\exp\left(-\frac{1}{2}r\right) \times \frac{1}{2}\sqrt{\frac{3}{\pi}}\cos\theta$$
$$= \frac{1}{4}\sqrt{\frac{1}{2\pi}}r\exp\left(-\frac{1}{2}r\right)\cos\theta$$

となる．

(2) $\displaystyle\int \Psi_{2\mathrm{p}_z}^* \Psi_{2\mathrm{p}_z}\,d\tau = \frac{1}{32\pi}\int_0^\infty\int_0^\pi\int_0^{2\pi} r^4 \mathrm{e}^{-r}\cos^2\theta\sin\theta\,dr d\theta d\varphi$

$\displaystyle\phantom{\int \Psi_{2\mathrm{p}_z}^* \Psi_{2\mathrm{p}_z}\,d\tau} = \frac{1}{32\pi}\times 2\pi \times \int_0^\infty r^4 \mathrm{e}^{-r}\,dr \times \int_0^\pi \cos^2\theta\sin\theta\,d\theta$

動径部分の積分は式 (2.55) の積分公式を使うと 24 で，角度部分の積分は 2/3 となるので，

$$\int \Psi_{2\mathrm{p}_z}^* \Psi_{2\mathrm{p}_z}\,d\tau = \frac{1}{32\pi}\times 2\pi \times 24 \times \frac{2}{3} = 1$$

となり，規格化されていることがわかる．

(3) $\int \Psi_{1s}^* \Psi_{2p_z} d\tau = \dfrac{1}{2\sqrt{2}} \times \int_0^\infty r^3 e^{-\frac{3}{2}r} dr \times \int_0^\pi \cos\theta \sin\theta \, d\theta$

となるが，角度部分の積分は 0 であるから，

$$\int \Psi_{1s}^* \Psi_{2p_z} d\tau = 0$$

となり，1s 軌道と 2p$_z$ 軌道が互いに直交していることがわかる．

[3] 水素原子の 1s 軌道は，

$$\Psi_{1s} = \dfrac{1}{\sqrt{\pi}} e^{-r}$$

である．

(1) 平均距離は，距離 r の期待値で与えられる．

$$\langle r \rangle = \int \Psi_{1s}^* r \Psi_{1s} d\tau$$

$$= \dfrac{1}{\pi} \int_0^\infty \int_0^\pi \int_0^{2\pi} e^{-2r} r^3 \sin\theta \, dr d\theta d\varphi$$

$$= \dfrac{1}{\pi} \times 4\pi \times \int_0^\infty r^3 e^{-2r} dr = 4 \int_0^\infty r^3 e^{-2r} dr = 4 \times \dfrac{3!}{2^4} = \dfrac{3}{2}$$

ここで，式 (2.55) の積分公式を使った．今，原子単位系を使っているので，電子の平均距離はボーア半径の 1.5 倍のところということになる．もう少し厳密にいうと，水素原子のボーア半径 a_0 の 1.5 倍のところである．

(2) 水素原子の 1s 軌道の動径分布は，

$$D(r) = 4r^2 e^{-2r}$$

となる．この関数が最大となるのは，

$$\dfrac{dD(r)}{dr} = 8r e^{-2r} - 8r^2 e^{-2r} = 0$$

から，$r = 1$ のときである．つまり，1s 軌道では電子の存在確率はボーア半径と等しいとき最大となる．

[4] 交換に関する関係

$$[\hat{A}, \hat{B}\hat{C}] = \hat{B}[\hat{A}, \hat{C}] + [\hat{A}, \hat{B}]\hat{C}, \quad [\hat{A}\hat{B}, \hat{C}] = \hat{A}[\hat{B}, \hat{C}] + [\hat{A}, \hat{C}]\hat{B}$$

を利用する.

$$[\hat{L}_x, x] = [yp_z - zp_y, x] = [yp_z, x] - [zp_y, x]$$
$$= y[p_z, x] + [y, x]p_z - z[p_y, x] - [z, x]p_y = 0$$
$$[\hat{L}_x, y] = [yp_z - zp_y, y] = [yp_z, y] - [zp_y, y]$$
$$= y[p_z, y] + [z, y]p_z - z[p_y, y] - [z, y]p_y = i\hbar z$$

$[\hat{L}_x, z] = -i\hbar y, [\hat{L}_x, p_x] = 0, [\hat{L}_x, p_y] = i\hbar p_z, [\hat{L}_x, p_z] = -i\hbar p_y, [\hat{L}_x, \hat{L}^2] = 0,$
$[\hat{L}_x, r^2] = 0, [\hat{L}_x, p^2] = 0$ に関しても同様に確かめることができる.

[5] 直交座標系では, 角運動量 $\hat{\mathbf{L}}$ の成分は,

$$\hat{L}_x = -i\hbar\left(y\frac{\partial}{\partial z} - z\frac{\partial}{\partial y}\right)$$

$$\hat{L}_y = -i\hbar\left(z\frac{\partial}{\partial x} - x\frac{\partial}{\partial z}\right)$$

$$\hat{L}_z = -i\hbar\left(x\frac{\partial}{\partial y} - y\frac{\partial}{\partial x}\right)$$

となる. 角運動量演算子 $\hat{L}_z$ を s 型関数 $\phi(r)$ に作用させると,

$$\hat{L}_z\phi(r) = -i\hbar\left(x\frac{\partial}{\partial y} - y\frac{\partial}{\partial x}\right)\phi(r)$$
$$= -i\hbar x\frac{\partial\phi(r)}{\partial y} + i\hbar y\frac{\partial\phi(r)}{\partial x}$$
$$= -i\hbar x\frac{\partial\phi(r)}{\partial r}\frac{\partial r}{\partial y} + i\hbar y\frac{\partial\phi(r)}{\partial r}\frac{\partial r}{\partial x}$$

となる. ここで,

$$\frac{\partial r}{\partial x} = \frac{\partial}{\partial x}(x^2 + y^2 + z^2)^{1/2} = xr^{-1}$$

$$\frac{\partial r}{\partial y} = yr^{-1}$$

であるから,

$$\hat{L}_z\phi(r) = 0$$

となることがわかる. 同様に $\hat{L}_x$ と $\hat{L}_y$ を作用させると,

$$\hat{L}_x\phi(r) = \hat{L}_y\phi(r) = 0$$

であるから，$\hat{L}^2$ を s 型関数 $\phi(r)$ に作用させると，

$$\hat{L}^2\phi(r) = 0$$

となる．これは s 型関数 $\phi(r)$ が角運動量演算子 $\hat{L}_z$ と $\hat{L}^2$ の固有値 0 をもった電子を記述することを意味する．

次に，p 型関数 $p_x = x\phi(r)$ に $\hat{L}_z$ を作用させると，

$$\hat{L}_z[x\phi(r)] = -i\hbar\left(x\frac{\partial}{\partial y} - y\frac{\partial}{\partial x}\right)[x\phi(r)]$$

$$= i\hbar y\phi(r) - i\hbar x\left(x\frac{\partial \phi(r)}{\partial y} - y\frac{\partial \phi(r)}{\partial x}\right)$$

となるが，上で調べた $\hat{L}_z\phi(r) = 0$ であることを使うと，第2項の括弧内は 0 となるので，

$$\hat{L}_z[x\phi(r)] = i\hbar y\phi(r) = i\hbar p_y$$

となり，p 型関数 $p_x = x\phi(r)$ は $\hat{L}_z$ の固有関数ではないことがわかる．今度は $\hat{L}_x$ を作用させると，

$$\hat{L}_x[x\phi(r)] = -i\hbar\left(y\frac{\partial}{\partial z} - z\frac{\partial}{\partial y}\right)[x\phi(r)]$$

$$= -i\hbar xy\frac{\partial \phi(r)}{\partial z} + i\hbar zx\frac{\partial \phi(r)}{\partial y}$$

$$= -i\hbar x\left(y\frac{\partial}{\partial z} - z\frac{\partial}{\partial y}\right)\phi(r)$$

であり，$\hat{L}_x\phi(r) = 0$ から，これは 0 となる．つまり p 型関数 $p_x = x\phi(r)$ は，$\hat{L}_x$ の固有関数である．

最後に，$(x \pm iy)\phi(r)$ に $\hat{L}_z$ を作用させると，$\hat{L}_z[x\phi(r)] = ip_y$ と $p_y = y\phi(r)$ に対して同様に得られる関係

$$\hat{L}_z[y\phi(r)] = -i\hbar x\phi(r) = -i\hbar p_x$$

を使うことにより，

$$\hat{L}_z(x \pm iy)\phi(r) = (\pm \hbar)(x \pm iy)\phi(r)$$

となるから，$(x \pm iy)\phi(r)$ は固有値 $\pm \hbar$ をもった $\hat{L}_z$ の固有関数であることがわかる．

第3章

[1] 基底状態における水素原子のシュレーディンガー方程式は，原子単位系で，

$$\hat{H}\Psi \equiv \left(-\frac{\nabla^2}{2} - \frac{1}{r}\right)\Psi = E\Psi$$

であり，エネルギー期待値は，

$$E = \frac{\int \Psi^* \hat{H} \Psi \, d\tau}{\int \Psi^* \Psi \, d\tau}$$

である．極座標で考える．ラプラス演算子 ∇^2 は極座標を使うと式 (2.6) で与えられるから，

$$\int \Psi^* \hat{H} \Psi \, d\tau$$
$$= 4\pi N^2 \int_0^\infty \left[\alpha r \exp(-2\alpha r) - \frac{1}{2}\alpha^2 r^2 \exp(-2\alpha r) - r \exp(-2\alpha r)\right] dr$$

である．また，

$$\int \Psi^* \Psi \, d\tau = 4\pi N^2 \int_0^\infty r^2 \exp(-2\alpha r) \, dr$$

となる．式 (2.55) の積分公式を使うと，

$$\int \Psi^* \hat{H} \Psi \, d\tau = \pi N^2 \left(\frac{1}{2\alpha} - \frac{1}{\alpha^2}\right)$$

$$\int \Psi^* \Psi \, d\tau = \frac{\pi N^2}{\alpha^3}$$

となるので，

$$E = \frac{\alpha^2}{2} - \alpha$$

である．ここで，変分条件 $\partial E/\partial \alpha = 0$ を使うと，

$$\alpha = 1$$

が得られる．結局，スレーター型関数を使ったときの基底状態の水素原子のエネルギーは，

$$E = \frac{1^2}{2} - 1 = -0.5$$

となる．この値は，式 (2.36) で与えられた水素原子の基底状態のエネルギーを原子単位系で表現したものと同じである．

また，規格化定数は，$\int \Psi^* \Psi d\tau = 1$ から得られる．

$$\int \Psi^* \Psi d\tau = \frac{\pi N^2}{\alpha^3} = 1$$

より，$N = \pm \frac{1}{\sqrt{\pi}}$ となり，

$$\Psi = \frac{1}{\sqrt{\pi}} \exp(-r)$$

であることがわかる．これは，式 (2.49) で与えた 1s 軌道 Ψ_{1s} と同じものである．試行関数が正確な解と同じ形をしていれば，変分法は必ず正確な解を与える．

[2] ガウス型関数を試行関数として使ったとき，

$$\int \Psi^* \hat{H} \Psi d\tau$$
$$= 4\pi N^2 \int_0^\infty [\, 3\alpha r^2 \exp(-2\alpha r^2) - 2\alpha^2 r^4 \exp(-2\alpha r^2) - r \exp(-2\alpha r^2) \,] dr$$

$$\int \Psi^* \Psi d\tau = 4\pi N^2 \int_0^\infty r^2 \exp(-2\alpha r^2) \, dr$$

である．積分公式を使うと，

$$\int \Psi^* \hat{H} \Psi d\tau = \pi N^2 \Big(\frac{3}{4} \sqrt{\frac{\pi}{2\alpha}} - \frac{1}{\alpha} \Big)$$

$$\int \Psi^* \Psi d\tau = \pi N^2 \frac{1}{2\alpha} \sqrt{\frac{\pi}{2\alpha}}$$

となるので，エネルギーは，

$$E = \frac{3\alpha}{2} - 2\sqrt{\frac{2\alpha}{\pi}}$$

である．変分条件 $\partial E/\partial \alpha = 0$ を使うと，

$$\alpha = \frac{8}{9\pi}$$

が得られる．したがって，ガウス型関数を試行関数として選んだときの基底状態の水素原子のエネルギーは，

$$E = -\frac{4}{3\pi} \cong -0.4244$$

となる．この値は，水素原子に対する正確な基底状態のエネルギー -0.5 の上限になっていることがわかる．

[3] (1) Z' を使って，ヘリウム原子のハミルトン演算子を書き直すと，

$$\hat{H} = \left(-\frac{1}{2}\nabla_1^2 - \frac{Z'}{r_1}\right) + \left(-\frac{1}{2}\nabla_2^2 - \frac{Z'}{r_2}\right) + \frac{Z'-Z}{r_1} + \frac{Z'-Z}{r_2} + \frac{1}{r_{12}}$$

となる．第2章の演習問題［1］の結果を使うと，

$$\left\langle \Psi(r_1, r_2) \left| \left(-\frac{1}{2}\nabla_1^2 - \frac{Z'}{r_1}\right) \right| \Psi(r_1, r_2) \right\rangle = \left\langle \Phi(r_1) \left| \left(-\frac{1}{2}\nabla_1^2 - \frac{Z'}{r_1}\right) \right| \Phi(r_1) \right\rangle \langle \Phi(r_2) | \Phi(r_2) \rangle$$

$$= -\frac{(Z')^2}{2}$$

である．また，式 (2.55) の積分公式を使って，

$$\left\langle \Psi(r_1, r_2) \left| \frac{Z'-Z}{r_1} \right| \Psi(r_1, r_2) \right\rangle = \left\langle \Phi(r_1) \left| \frac{Z'-Z}{r_1} \right| \Phi(r_1) \right\rangle \langle \Phi(r_2) | \Phi(r_2) \rangle$$

$$= 4(Z')^3(Z'-Z) \int_0^\infty r_1 \exp(-2Z'r_1) \, dr_1$$

$$= 4(Z')^3(Z'-Z)(2Z')^{-2} = Z'(Z'-Z)$$

となる．結局，ヘリウム ($Z=2$) 原子のエネルギー E は，

$$E = -\frac{(Z')^2}{2} - \frac{(Z')^2}{2} + Z'(Z'-Z) + Z'(Z'-Z) + \frac{5}{8}Z'$$

$$= (Z')^2 - 2ZZ' + \frac{5}{8}Z'$$

$$= (Z')^2 - \frac{27}{8}Z'$$

である．

(2) $\dfrac{dE}{dZ'} = 0$

となる Z' を求める．

$$\frac{dE}{dZ'} = 2Z' - \frac{27}{8} = 0$$

から,

$$Z' = \frac{27}{16}$$

である.このときのエネルギーは,

$$E = \left(\frac{27}{16}\right)^2 - \frac{27}{8} \cdot \frac{27}{16} = -\left(\frac{27}{16}\right)^2 \cong -2.848 \text{ au}$$

となる.実験から見積もられるヘリウム原子のエネルギーは -2.889 au である.

[4] 0次のエネルギー $E^{(0)}$ は水素様原子のエネルギーの2倍である.

$$E^{(0)} = -Z^2$$

1次の摂動エネルギーは式 (3.30) から,

$$E^{(1)} = \left\langle \Psi^{(0)}(r_1, r_2) \left| \frac{1}{r_{12}} \right| \Psi^{(0)}(r_1, r_2) \right\rangle = \frac{5}{8}Z$$

である.結局,ヘリウム原子のエネルギー E は,

$$E = E^{(0)} + E^{(1)} = -Z^2 + \frac{5}{8}Z = -\frac{11}{4} = -2.75 \text{ au}$$

となる.

[5] 摂動ハミルトン演算子 $\hat{V}^{(1)}$ を

$$\hat{V}^{(1)} = V(x) = \sin^{-2}\left(\frac{\pi}{L}x\right)$$

とする.摂動がない場合は,1.8節でみた1次元の箱型ポテンシャルの中を運動する粒子の結果である.波動関数は,

$$\Psi_n(x) = \sqrt{\frac{2}{L}} \sin\left(n\frac{\pi}{L}x\right), \quad n = 1, 2, 3, \cdots$$

で,エネルギーは,

$$E_n = \frac{\hbar^2 \pi^2}{2mL^2} n^2, \quad n = 1, 2, 3, \cdots$$

である.これらが0次の波動関数とエネルギーである.式 (3.30) から,1

次の摂動エネルギーを求めると,

$$E_n^{(1)} = V_{nn}^{(1)} = \int_0^L \Psi_n^* \sin^{-2}\left(\frac{\pi}{L}x\right)\Psi_n \, dx$$

$$= \frac{2}{L}\int_0^L \frac{\sin^2\left(n\frac{\pi}{L}x\right)}{\sin^2\left(\frac{\pi}{L}x\right)} dx = \frac{2}{L} \times \frac{L}{\pi} \times \int_0^\pi \frac{\sin^2 nX}{\sin^2 X} dX = \frac{2}{\pi} \times n\pi = 2n$$

となる.結局,エネルギーは,0次エネルギーと1次摂動エネルギーの和であり,

$$E_n = \frac{\hbar^2\pi^2}{2mL^2}n^2 + 2n, \quad n = 1, 2, 3, \cdots$$

となる.

[6] (1) 相互作用により得られる波動関数は,

$$\Psi = C_A\Psi_A + C_B\Psi_B$$

で表現できる.永年方程式は,

$$\begin{vmatrix} H_{AA} - E & H_{BA} \\ H_{AB} & H_{BB} - E \end{vmatrix} = 0$$

となる.ここで,

$$H_{ij} = \langle \Psi_i | \hat{H} | \Psi_j \rangle, \quad i,j = A, B$$

とした.これより,

$$E = \frac{H_{AA} + H_{BB}}{2} \pm \left(\frac{H_{AA} - H_{BB}}{2}\right)\sqrt{1 + \left(\frac{2H_{AB}}{H_{AA} - H_{BB}}\right)^2}$$

であり,

$$E_1^V = \frac{H_{AA} + H_{BB}}{2} + \left(\frac{H_{AA} - H_{BB}}{2}\right)\sqrt{1 + \left(\frac{2H_{AB}}{H_{AA} - H_{BB}}\right)^2}$$

$$E_2^V = \frac{H_{AA} + H_{BB}}{2} - \left(\frac{H_{AA} - H_{BB}}{2}\right)\sqrt{1 + \left(\frac{2H_{AB}}{H_{AA} - H_{BB}}\right)^2}$$

(2) 式 (3.20) から,

$$E_1^{\text{P}} = E_A + V_{AA} + \frac{V_{AB}^2}{E_A - E_B}$$

$$E_2^{\text{P}} = E_B + V_{BB} - \frac{V_{AB}^2}{E_A - E_B}$$

ここで，摂動項 $\hat{V}$ に対し，

$$V_{ij} = \langle \Psi_i | \hat{V} | \Psi_j \rangle, \quad i,j = A, B$$

とした．

$$H_{AA} = \langle \Psi_A | \hat{H} | \Psi_A \rangle = \langle \Psi_A | \hat{H}^{(0)} + \hat{V} | \Psi_A \rangle = E_A + V_{AA}$$
$$H_{BB} = \langle \Psi_B | \hat{H} | \Psi_B \rangle = \langle \Psi_B | \hat{H}^{(0)} + \hat{V} | \Psi_B \rangle = E_B + V_{BB}$$

であるから，

$$E_1^{\text{P}} = H_{AA} + \frac{V_{AB}^2}{E_A - E_B}$$

$$E_2^{\text{P}} = H_{BB} - \frac{V_{AB}^2}{E_A - E_B}$$

となる．

(3) $\langle \Psi_A | \hat{H} | \Psi_B \rangle$ が十分小さいとすると，変分法の結果の平方根をテイラー（Taylor）展開して，

$$E_1^{\text{V}} \cong \frac{H_{AA} + H_{BB}}{2} + \left(\frac{H_{AA} - H_{BB}}{2}\right)\left[1 + \frac{1}{2}\left(\frac{2H_{AB}}{H_{AA} - H_{BB}}\right)^2\right]$$

$$= H_{AA} + \frac{H_{AB}^2}{H_{AA} - H_{BB}}$$

$$E_2^{\text{V}} \cong H_{BB} - \frac{H_{AB}^2}{H_{AA} - H_{BB}}$$

となる．

$$H_{AB} = \langle \Psi_A | \hat{H} | \Psi_B \rangle = \langle \Psi_A | \hat{H}^{(0)} + \hat{V} | \Psi_B \rangle = E_B \langle \Psi_A | \Psi_B \rangle + V_{AB} = V_{AB}$$

であるので，

$$E_1^V \cong H_{AA} + \frac{V_{AB}^2}{H_{AA} - H_{BB}}$$

$$E_2^V \cong H_{BB} - \frac{V_{AB}^2}{H_{AA} - H_{BB}}$$

この結果は，$H_{AA} - H_{BB}$ が $E_A - E_B$ で近似できるとすると，摂動法により得られる結果と同じになる．

第4章

[1] 合成昇降演算子を使うと，

$$\hat{S}^+ \alpha(1)\alpha(2) = [\hat{s}^+(1) + \hat{s}^+(2)]\alpha(1)\alpha(2)$$
$$= [\hat{s}^+(1)\alpha(1)]\alpha(2) + \alpha(1)[\hat{s}^+(2)\alpha(2)] = 0$$
$$\hat{S}^- \alpha(1)\alpha(2) = [\hat{s}^-(1) + \hat{s}^-(2)]\alpha(1)\alpha(2)$$
$$= \beta(1)\alpha(2) + \alpha(1)\beta(2)$$
$$\hat{S}^+ \beta(1)\beta(2) = \beta(1)\alpha(2) + \alpha(1)\beta(2)$$
$$\hat{S}^- \beta(1)\beta(2) = 0$$
$$\hat{S}^+ \alpha(1)\beta(2) = \alpha(1)\alpha(2)$$
$$\hat{S}^- \alpha(1)\beta(2) = \beta(1)\beta(2)$$
$$\hat{S}^+ \beta(1)\alpha(2) = \alpha(1)\alpha(2)$$
$$\hat{S}^- \beta(1)\alpha(2) = \beta(1)\beta(2)$$

となる．また，

$$\hat{S}_z^2 \alpha(1)\alpha(2) = [\hat{s}_z^2(1) + \hat{s}_z^2(2)]\alpha(1)\alpha(2)$$
$$= [\hat{s}_z(1)\hat{s}_z(1)\alpha(1)]\alpha(2) + \alpha(1)[\hat{s}_z(2)\hat{s}_z(2)\alpha(2)]$$
$$= \frac{1}{2}\alpha(1)\alpha(2)$$

$$\hat{S}_z^2 \alpha(1)\beta(2) = 0$$
$$\hat{S}_z^2 \beta(1)\alpha(2) = 0$$
$$\hat{S}_z^2 \beta(1)\beta(2) = \frac{1}{2}\beta(1)\beta(2)$$

である．これらの関係を使って，$\hat{S}^2 = \frac{1}{2}(\hat{S}^+\hat{S}^- + \hat{S}^-\hat{S}^+) + \hat{S}_z^2$ を Γ_1 から Γ_4 に作用させると，以下の結果が得られる．

$$\hat{S}^2\Gamma_1 = 2\Gamma_1$$
$$\hat{S}^2\Gamma_2 = 2\Gamma_2$$
$$\hat{S}^2\Gamma_3 = 0\Gamma_3$$
$$\hat{S}^2\Gamma_4 = 2\Gamma_4$$

式 (4.10) から，$\hat{S}^2$ の固有値は原子単位系で $S(S+1)$ であるから，S の値は $\Gamma_1, \Gamma_2, \Gamma_4$ に対し 1，Γ_3 に対し 0 である．スピン多重度は $2S+1$ で与えられるから，$\Gamma_1, \Gamma_2, \Gamma_4$ は三重項で，Γ_3 は一重項を表す．

[2] (1) 永年方程式は，

$$\begin{vmatrix} \alpha-\varepsilon & \beta & 0 \\ \beta & \alpha-\varepsilon & \beta \\ 0 & \beta & \alpha-\varepsilon \end{vmatrix} = 0$$

(2) $(\alpha-\varepsilon)/\beta = \lambda$ とおくと，

$$\begin{vmatrix} \lambda & 1 & 0 \\ 1 & \lambda & 1 \\ 0 & 1 & \lambda \end{vmatrix} = \lambda^3 - 2\lambda = 0$$

これを解くことで，

$$\varepsilon_1 = \alpha + \sqrt{2}\beta$$
$$\varepsilon_2 = \alpha$$
$$\varepsilon_3 = \alpha - \sqrt{2}\beta$$

また，全 π 電子エネルギーは，

$$E = 2\varepsilon_1 + \varepsilon_2 = 3\alpha + 2\sqrt{2}\beta$$

[3] (1) 永年方程式は，

$$\begin{vmatrix} \alpha-\varepsilon & \beta & \dfrac{\beta}{2}\sin^{-1}\dfrac{\theta}{2} \\ \beta & \alpha-\varepsilon & \beta \\ \dfrac{\beta}{2}\sin^{-1}\dfrac{\theta}{2} & \beta & \alpha-\varepsilon \end{vmatrix} = 0$$

(2) $(\alpha-\varepsilon)/\beta = \lambda$ とおくと，

$$\begin{vmatrix} \lambda & 1 & \frac{1}{2}\sin^{-1}\frac{\theta}{2} \\ 1 & \lambda & 1 \\ \frac{1}{2}\sin^{-1}\frac{\theta}{2} & 1 & \lambda \end{vmatrix} = 0$$

これより,

$$\lambda^3 - 2\lambda - \frac{1}{4}\lambda\sin^{-2}\frac{\theta}{2} + \sin^{-1}\frac{\theta}{2} = 0$$

$$\left(\lambda - \frac{1}{2}\sin^{-1}\frac{\theta}{2}\right)\left(\lambda^2 + \frac{1}{2}\lambda\sin^{-1}\frac{\theta}{2} - 2\right) = 0$$

これを解くと,

$$\varepsilon_1 = \alpha + \left(\frac{1}{4}\sin^{-1}\frac{\theta}{2} + \frac{1}{4}\sqrt{\sin^{-2}\frac{\theta}{2} + 32}\right)\beta$$

$$\varepsilon_2 = \alpha - \left(\frac{1}{2}\sin^{-1}\frac{\theta}{2}\right)\beta$$

$$\varepsilon_3 = \alpha + \left(\frac{1}{4}\sin^{-1}\frac{\theta}{2} - \frac{1}{4}\sqrt{\sin^{-2}\frac{\theta}{2} + 32}\right)\beta$$

また, 全 π 電子エネルギーは,

$$E = 2\varepsilon_1 + \varepsilon_2 = 3\alpha + \frac{1}{2}\sqrt{\sin^{-2}\frac{\theta}{2} + 32}\,\beta$$

具体的に, $\theta = 60°$, $\theta = 120°$, $\theta = 180°$ のときのアリルラジカルの全電子エネルギーを計算してみると, $E_{60°} = 3\alpha + 3\beta$, $E_{120°} = 3\alpha + 5\beta/\sqrt{3} = 3\alpha + 2.887\beta$, $E_{180°} = 3\alpha + \sqrt{33}\,\beta/2 = 3\alpha + 2.872\beta$ となる. $\theta = 60°$ のときが最も安定であるが, $60° \leq \theta \leq 180°$ でほとんどエネルギーが変わらないので, 容易に分子の構造を変えることができると予想できる. これから推測されるアリルラジカルの最安定構造は, より高精度なハートリー–フォック (Hartree-Fock) 計算から得られる最安定構造とは異なっている.

[4] (1)
$$\lambda C_1 + C_2 = 0$$
$$C_1 + \lambda C_2 + C_3 = 0$$
$$\vdots$$
$$C_{N-2} + \lambda C_{N-1} + C_N = 0$$
$$C_{N-1} + \lambda C_N = 0$$

(2) (1) で求めた最初の方程式に $C_k = A \sin k\theta$ を代入してみると,

$$\lambda = -\frac{C_2}{C_1} = -\frac{\sin 2\theta}{\sin \theta} = -2\cos\theta$$

同様に，2 番目以降の方程式からも $\lambda = -2\cos\theta$ が得られる．

(3) (1) で得られた最後の方程式から,

$$\sin(N-1)\theta = 2\cos\theta \sin N\theta$$

オイラーの公式

$$\exp(i\theta) = \cos\theta + i\sin\theta$$

を使って，指数関数で表すと,

$$\frac{\exp[i(N-1)\theta] - \exp[-i(N-1)\theta]}{2i}$$
$$= 2 \cdot \frac{\exp(i\theta) + \exp(-i\theta)}{2} \cdot \frac{\exp(iN\theta) - \exp(-iN\theta)}{2i}$$
$$\exp[i(N+1)\theta] - \exp[-i(N+1)\theta] = 0$$
$$\exp[i2(N+1)\theta] = 1$$

となる．この条件を満たすのは,

$$\theta = \frac{\pi}{N+1}n$$

のときである．結局,

$$\lambda = -2\cos\frac{\pi}{N+1}n$$

であるから,

$$\varepsilon_n = \alpha + \left(2\cos\frac{\pi}{N+1}n\right)\beta$$

　得られた結果を使うと，ヒュッケル法による直鎖状ポリエンの軌道エネルギーを簡単に求めることができる．xy 平面上に半径 $2|\beta|$ の円を描き，$x \geq 0$ の半円を $N+1$ 等分する．等分した円上の点の y 座標が軌道エネルギーに対する共鳴積分の寄与を表す (図 1).

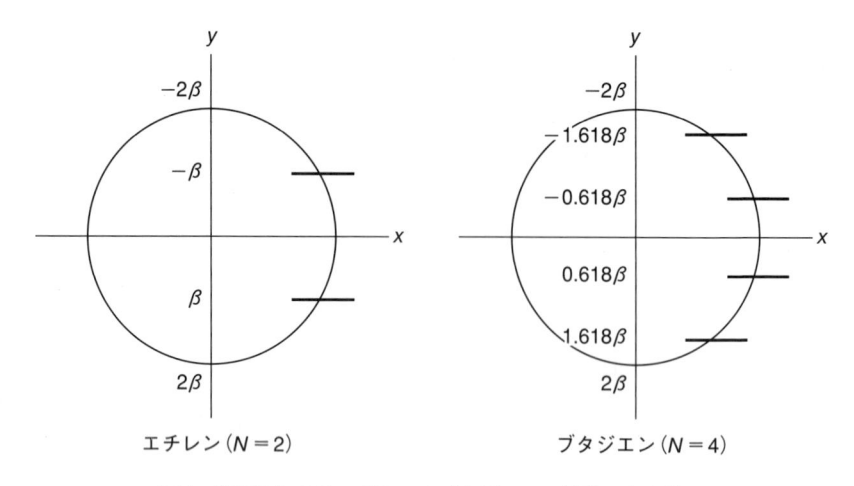

図1　簡便法によるエチレンとブタジエンの軌道エネルギー

[5]　(1)
$$\lambda C_1 + C_2 + C_N = 0$$
$$C_1 + \lambda C_2 + C_3 = 0$$
$$\vdots$$
$$C_1 + C_{N-1} + \lambda C_N = 0$$

(2) (1)で求めた2番目の方程式に $C_k = A \exp(k\theta)$ を代入してみると，

$$\lambda = -\frac{C_1 + C_3}{C_2} = -\frac{\exp(i\theta) + \exp(i3\theta)}{\exp(i2\theta)} = -[\exp(-i\theta) + \exp(i\theta)]$$
$$= -2\cos\theta$$

同様に，3番目以降の方程式からも $\lambda = -2\cos\theta$ が得られる．

(3) (1)で得られた最初の方程式から，

$-2\cos\theta \exp(i\theta) + \exp(i2\theta) + \exp(iN\theta) = 0$
$-[\exp(-i\theta) + \exp(i\theta)]\exp(i\theta) + \exp(i2\theta) + \exp(iN\theta) = 0$
$\exp[iN\theta] = 1$

となる．この条件を満たすのは，

$$\theta = \frac{2\pi}{N}n$$

シクロブタジエン ($N=4$)　　　　ベンゼン ($N=6$)

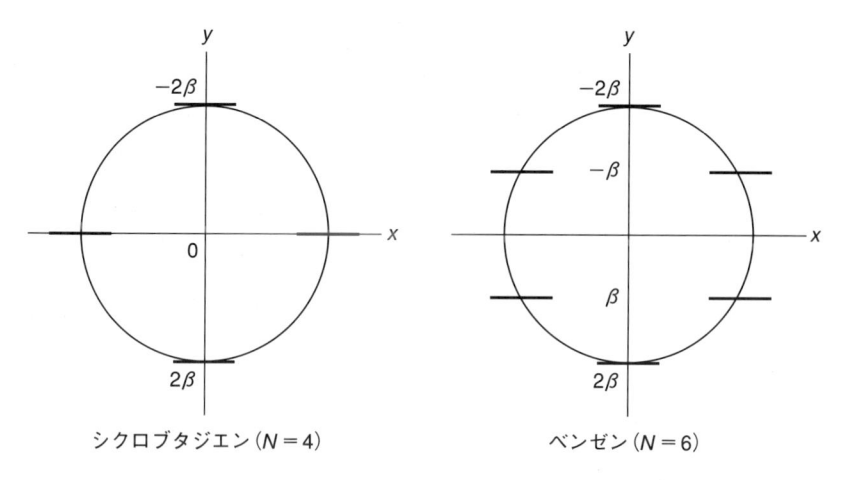

図2　簡便法によるシクロブタジエンとベンゼンの軌道エネルギー

のときであり，

$$\lambda = -2\cos\frac{2\pi}{N}n$$

となるから，

$$\varepsilon_n = \alpha + \left(2\cos\frac{2\pi}{N}n\right)\beta$$

直鎖状ポリエンの場合と同じように，ヒュッケル法による鎖状ポリエンの軌道エネルギーを簡単に求める方法を紹介しよう．xy 平面上に，半径 $2|\beta|$ の円を描く．$(0, 2\beta)$ の点から始めて，円周を N 等分する．等分した円上の点の y 座標が軌道エネルギーに対する共鳴積分の寄与を表すことになる (図2)．

[6] 軌道エネルギー ε_i は，

$$\varepsilon_i = \langle\phi_i|\hat{h}|\phi_i\rangle = \sum_r\sum_s C_{ri}C_{si}\langle\chi_r|\hat{h}|\chi_s\rangle = \sum_r\sum_s C_{ri}C_{si}H_{rs}$$

であるので，式 (4.20) の π 電子エネルギー E_π は，

$$E_\pi = \sum_i^n n_i\varepsilon_i = \sum_i n_i \left(\sum_r \sum_s C_{ri}C_{si}H_{rs}\right)$$
$$= \sum_r \left(\sum_i n_i C_{ri}^2\right) H_{rr} + \sum_r \sum_{s(\neq r)} \left(\sum_i n_i C_{ri}C_{si}\right) H_{rs}$$
$$= \sum_r q_r H_{rr} + \sum_r \sum_{s(\neq r)} p_{rs} H_{rs}$$

となる．さらにヒュッケル近似を使うと，
$$E_\pi = \sum_r q_r \alpha + \sum_r \sum_{s(r\text{に隣接する}s)} p_{rs}\beta$$

[7] i 番目の分子軌道 ϕ_i が，分子軌道係数 C_{pi} を使って，
$$\phi_i = \sum_{p=1}^5 C_{pi}\chi_p$$

で表されるとする．次の3種類の重なり積分は対称性から0となる．

(1) 同じ中心をもつ s 軌道と p 軌道間

(2) 異なる磁気量子数をもつ同じ中心の p 軌道どうし

(3) 異なる中心をもつ s 軌道と結合軸方向以外の向きの p 軌道間

解くべき行列方程式は次のようになる．

HC = SCε

$$H = \begin{pmatrix} -I_1 & 0 & 0 & 0 & -\frac{1}{2}KS_{15}(I_1+I_5) \\ 0 & -I_2 & 0 & 0 & 0 \\ 0 & 0 & -I_3 & 0 & 0 \\ 0 & 0 & 0 & -I_4 & -\frac{1}{2}KS_{45}(I_4+I_5) \\ -\frac{1}{2}KS_{51}(I_5+I_1) & 0 & 0 & -\frac{1}{2}KS_{54}(I_5+I_4) & -I_5 \end{pmatrix}$$

$$S = \begin{pmatrix} 1 & 0 & 0 & 0 & S_{15} \\ 0 & 1 & 0 & 0 & 0 \\ 0 & 0 & 1 & 0 & 0 \\ 0 & 0 & 0 & 1 & S_{45} \\ S_{51} & 0 & 0 & S_{54} & 1 \end{pmatrix}$$

$$C = \begin{pmatrix} C_{11} & C_{12} & C_{13} & C_{14} & C_{15} \\ C_{21} & C_{22} & C_{23} & C_{24} & C_{25} \\ C_{31} & C_{32} & C_{33} & C_{34} & C_{35} \\ C_{41} & C_{42} & C_{43} & C_{44} & C_{45} \\ C_{51} & C_{52} & C_{53} & C_{54} & C_{55} \end{pmatrix}$$

$$\varepsilon = \begin{pmatrix} \varepsilon_1 & 0 & 0 & 0 & 0 \\ 0 & \varepsilon_2 & 0 & 0 & 0 \\ 0 & 0 & \varepsilon_3 & 0 & 0 \\ 0 & 0 & 0 & \varepsilon_4 & 0 \\ 0 & 0 & 0 & 0 & \varepsilon_5 \end{pmatrix}$$

第5章

[1] 行列式をあらわに書き下すと,

$$\Psi = \frac{1}{(3!)^{1/2}} [\,\chi_1(1)\chi_2(2)\chi_3(3) - \chi_1(1)\chi_2(3)\chi_3(2) - \chi_1(2)\chi_2(1)\chi_3(3)$$
$$+ \chi_1(2)\chi_2(3)\chi_3(1) + \chi_1(3)\chi_2(1)\chi_3(2) - \chi_1(3)\chi_2(2)\chi_3(1)\,]$$

となるが, $P(1,3)$ は, 1番目と3番目の電子を入れかえる演算子を意味するので, 実際に $P(1,3)$ を波動関数 Ψ に作用させてみると,

$$P(1,3)\Psi = \frac{1}{(3!)^{1/2}} [\,\chi_1(3)\chi_2(2)\chi_3(1) - \chi_1(3)\chi_2(1)\chi_3(2)$$
$$- \chi_1(2)\chi_2(3)\chi_3(1) + \chi_1(2)\chi_2(1)\chi_3(3)$$
$$+ \chi_1(1)\chi_2(3)\chi_3(2) - \chi_1(1)\chi_2(2)\chi_3(3)\,]$$
$$= (-1)\Psi$$

となる. これは, 波動関数 Ψ が演算子 $P(1,3)$ の固有関数であり, その固有値は -1 であることを意味する.

[2]

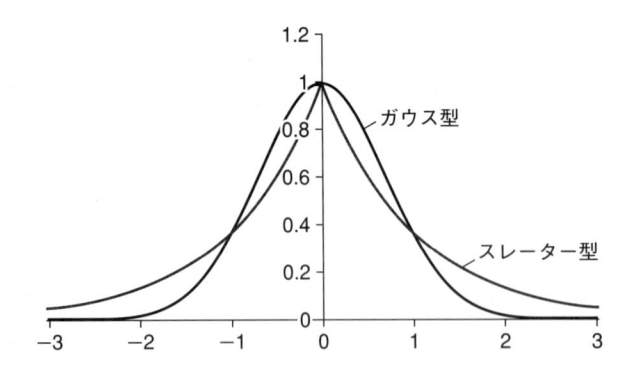

原点付近でガウス型関数は丸まっているのに対し,スレーター型関数はとがっている.また,関数の裾野の挙動は,スレーター型関数はだらだらと0に近づくのに対し,ガウス型関数は急激に0に近づく.

[3] 重なり積分と運動エネルギー積分は,

$$S_{ab} = \int_{-\infty}^{\infty} \chi_a(\mathbf{r})\, \chi_b(\mathbf{r})\, d\mathbf{r}$$

$$T_{ab} = \int_{-\infty}^{\infty} \chi_a(\mathbf{r}) \left(-\frac{\nabla^2}{2}\right) \chi_b(\mathbf{r})\, d\mathbf{r}$$

でそれぞれ定義される.二つのガウス型関数の積は式 (5.120) で与えられる.$(\mathbf{r}-\mathbf{R}_P)^2 = (x-P_x)^2 + (y-P_y)^2 + (z-P_z)^2$ であるので,重なり積分は,

$$\begin{aligned}
S_{ab} &= \exp[-\eta(\mathbf{R}_A-\mathbf{R}_B)^2] \int_{-\infty}^{\infty} \exp[-\gamma(\mathbf{r}-\mathbf{R}_P)^2]\, d\mathbf{r} \\
&= \exp[-\eta(\mathbf{R}_A-\mathbf{R}_B)^2] \int_{-\infty}^{\infty} \exp[-\gamma(x-P_x)^2]\, dx \\
&\quad \times \int_{-\infty}^{\infty} \exp[-\gamma(y-P_y)^2]\, dy \int_{-\infty}^{\infty} \exp[-\gamma(z-P_z)^2]\, dz \\
&= 2^3 \exp[-\eta(\mathbf{R}_A-\mathbf{R}_B)^2] \int_{0}^{\infty} \exp(-\gamma X^2)\, dX \\
&\quad \times \int_{0}^{\infty} \exp(-\gamma Y^2)\, dY \int_{0}^{\infty} \exp(-\gamma Z^2)\, dZ
\end{aligned}$$

となる.ここで,

$$X = x - P_x, \quad Y = y - P_y, \quad Z = z - P_z$$

と置いている．積分公式を使うと，

$$S_{ab} = \left(\frac{\pi}{\gamma}\right)^{3/2} \exp[-\eta(\mathbf{R}_A - \mathbf{R}_B)^2]$$

が得られる．運動エネルギー積分は，∇^2 を作用させた後，重なり積分と同じように計算して，

$$T_{ab} = [3\eta - 2\eta(\mathbf{R}_A - \mathbf{R}_B)^2]S_{ab}$$

となる．

[4] (1) STO-6G では，炭素原子1個あたり5個，水素原子1個あたり1個の関数が必要であるから，$5 \times 6 + 1 \times 6 = 36$ 個．

(2) 極座標表現では d 関数の数は5個であるので，6-31G (d, p) では，炭素原子1個あたり14個，水素原子1個あたり5個の関数が必要．$14 \times 6 + 5 \times 6 = 114$ 個．直交座標では d 関数の数は6個になるので，炭素原子1個あたり15個．$15 \times 6 + 5 \times 6 = 120$ 個．

[5] a 番目の仮想軌道 ϕ_a に一つの電子を加えると，ハートリー-フォックエネルギー $E_a(n+1)$ は，

$$E_a(n+1) = \sum_j^n h_{jj} + \frac{1}{2}\sum_{j,k}^n (J_{jk} - K_{jk}) + \left[h_{aa} + \sum_k^n (J_{ak} - K_{ak})\right]$$

となる．したがって，

$$E_a^{\mathrm{EA}} = E(n) - E_a(n+1) = -\varepsilon_a$$

第6章

[1] (1) 1電子軌道（独立粒子），(2) 電子相関，(3) ハートリー-フォック，(4) 動的，(5) 衝突，(6) 静的，(7)（擬）縮退，(8) 配置間相互作用（CI），(9) 摂動，(10) クラスター展開，(11) 密度汎関数

[2] 単参照理論であるハートリー-フォック法と MP2 法は解離状態の記述がよくない．それに対し，多参照電子相関法である CASSCF 法と MRMP2 法は，解離状態まできれいに記述することができる．摂動法によって電子相関を考慮することで，ハートリー-フォック法や CASSCF 法からエネルギーは下がっている．

●：ハートリー-フォック法，▲：CASSCF 法，■：MP2 法，◆：多参照摂動法

[3] (1) 第5章の式 (5.36) をハートリー-フォック配置 Φ_0 と1電子励起配置 Φ_i^a の間のハミルトン行列要素を求めるために使おう．この式の導出の仕方からわかるように，式 (5.36) は異なった配置間のハミルトン行列要素を求めるのにも使うことができる．

$$\langle \Phi_0|\hat{H}|\Phi_i^a\rangle = \sum_P (-1)^P \langle \tilde{\Phi}_0|\hat{H}\hat{P}\tilde{\Phi}_i^a\rangle$$

ここで，$\tilde{\Phi}_0$ と $\tilde{\Phi}_i^a$ はハートリー積を表す．1電子項に関するハミルトン行列要素は，

$$\left\langle \Phi_0\left|\sum_i^n \hat{h}_i\right|\Phi_i^a\right\rangle = \sum_P (-1)^P \left\langle \tilde{\Phi}_0\left|\sum_i^n \hat{h}_i\right|\hat{P}\tilde{\Phi}_i^a\right\rangle$$

分子軌道の規格直交条件を考えると，

$$\left\langle \Phi_0\left|\sum_i^n \hat{h}_i\right|\Phi_i^a\right\rangle = \langle \varphi_i|\hat{h}_1|\varphi_a\rangle$$

である．2電子項に関するハミルトン行列要素も，同じように考えて，

$$\left\langle \Phi_0\left|\sum_{i<j}^n \hat{g}_{ij}\right|\Phi_i^a\right\rangle = \sum_P (-1)^P \left\langle \tilde{\Phi}_0\left|\sum_{i<j}^n \hat{g}_{ij}\right|\hat{P}\tilde{\Phi}_i^a\right\rangle$$
$$= \sum_j^n \langle \varphi_i\varphi_j|\hat{g}_{12}|\varphi_a\varphi_j\rangle - \sum_j^n \langle \varphi_i\varphi_j|\hat{g}_{12}|\varphi_j\varphi_a\rangle$$

となる．1電子項と2電子項を足しあわせると，

$$\langle \Phi_0|\hat{H}|\Phi_i^a\rangle = \langle \varphi_i|\hat{h}_1|\varphi_a\rangle + \sum_j^n \langle \varphi_i\varphi_j|\hat{g}_{12}|\varphi_a\varphi_j\rangle - \sum_j^n \langle \varphi_i\varphi_j|\hat{g}_{12}|\varphi_j\varphi_a\rangle$$

となる．

(2) 式 (5.67) のフォック演算子の定義を使うと，

$$\langle \Phi_0|\hat{H}|\Phi_i^a\rangle = \langle \varphi_i|\hat{F}|\varphi_a\rangle$$

であることがわかる．式 (5.78) から，

$$\langle \varphi_i|\hat{F} = \varepsilon_i\langle \varphi_i|$$

であるから，分子軌道の直交条件を使って，

$$\langle \Phi_0|\hat{H}|\Phi_i^a\rangle = \varepsilon_i\langle \varphi_i|\varphi_a\rangle = 0$$

[4] ハートリー-フォック波動関数 Φ_0 は，式 (5.7) で与えたように，反対称化演算子 $\hat{A}$ とハートリー積 Ψ_0 を使って，

$$\Phi_0 = \sqrt{n!}\,\hat{A}\,\Psi_0$$
$$\Psi_0(1, 2, \cdots, i, \cdots, n) = \varphi_1(1)\,\varphi_2(2)\cdots\varphi_i(i)\cdots\varphi_n(n)$$

と書くことができる．反対称化演算子 $\hat{A}$ と $\hat{H}^{(0)}$ が可換であることを使うと，

$$\hat{H}^{(0)}\Phi_0 = \left[\sum_i F(i)\right]\sqrt{n!}\,\hat{A}\,\Psi_0 = \sqrt{n!}\,\hat{A}\sum_i F(i)\,\Psi_0$$
$$= \sqrt{n!}\,\hat{A}\sum_i \varphi_1(1)\,\varphi_2(2)\cdots[F(i)\,\varphi_i(i)]\cdots\varphi_n(n)$$
$$= \sqrt{n!}\,\hat{A}\Big(\sum_i \varepsilon_i\Big)\Psi_0 = \Big(\sum_i \varepsilon_i\Big)\Phi_0$$

[5] Φ_I が Φ_0 ではない場合，Φ_I は Φ_0 と直交するので，

$$H_{0I} = \langle \Phi_0|H^{(0)} + \hat{V}^{(1)}|\Phi_I\rangle = \langle \Phi_0|H^{(0)}|\Phi_I\rangle + \langle \Phi_0|\hat{V}^{(1)}|\Phi_I\rangle$$
$$= E_I^{(0)}\langle \Phi_0|\Phi_I\rangle + V_{0I}^{(1)} = V_{0I}^{(1)}$$

であり，式 (6.11) は，

$$E^{(2)} = \sum_I^D \frac{H_{0I}H_{I0}}{E_0^{(0)} - E_I^{(0)}}$$

である．ハミルトン演算子はたかだか1電子演算子と2電子演算子からなっているので，Φ_I が3電子励起以上の励起配置の場合，H_{0I} は0となる．また，ブリルアンの定理からハートリー-フォック配置と1電子励起配置の間の H_{0I} も0となるので，式 (6.11) の和は2電子励起配置のみ考慮すればいいことになる．

[6] MP2法による電子相関エネルギーは式 (6.13) で与えられる．この場合，ϕ_1 は占有軌道，ϕ_2 が仮想軌道であるから，

$$E^{(2)} = -\frac{|(\phi_2\phi_1|\phi_2\phi_1)|^2}{2(\varepsilon_2 - \varepsilon_1)}$$

である．分子軌道積分 $(\phi_2\phi_1|\phi_2\phi_1)$ は，原子軌道積分と分子軌道係数を使って，

$$(\phi_2\phi_1|\phi_2\phi_1) = \sum_{p,q,r,s=1}^{2} C_{p2}C_{q1}C_{r2}C_{s1}(\chi_p\chi_q|\chi_r\chi_s)$$

であるから，与えられたデータを使って計算すると，$(\phi_2\phi_1|\phi_2\phi_1) = 0.1813$ となる．これから，$E^{(2)}$ を計算すると $E^{(2)} = -0.01316$ au である．

第7章

[1] 活性化エネルギーは，遷移状態と反応物のエネルギー差である．また，反応熱は反応物と生成物のエネルギーの差である．
活性化エネルギー：$(-114.0432) - (-114.1936) = 0.1504$ au $= 94.4$ kcal mol^{-1}
反応熱：$(-114.1882) - (-114.1936) = 0.0054$ au $= 3.4$ kcal mol^{-1}

[2] CH_2 分子の価電子の数は6個である．CH_2 分子の一重項基底状態では，図7.2のウォルシュダイアグラムに下から6個の電子をつめればいいので，$1b_2, 3a_1, 2a_1$ 軌道に電子がつまっている．その上の軌道である $1b_1$ 軌道は，H_2O 分子に対して説明したように，分子構造の変化に寄与しない．つまり，CH_2 分子の一重項基底状態は，H_2O 分子と同じく屈曲型で，H-C-H 角は H_2O 分子の H-O-H 角（104.5°）とほぼ同じ角度であることが予想できる．最低三重項状態は，$3a_1$ 軌道から $1b_1$ 軌道へ電子が励起した状態にあたる．$1b_1$ 軌道に電子が入っても分子の構造変化に寄与しない．それに対し，$3a_1$ 軌道から電子が1個抜けることで，この軌道の寄与は小さくなるので，構造を 90° に近づける効果が弱まることになる．つまり，CH_2 分子の最低三重項状態は，一重項基底状態よりも大きな H-C-H 角をもつと推測できる．事実，高精度計算の結果では，一重項基底状態の H-C-H 角は 101° であるのに対し，最低三重項状態は 132° である．

[3] 基準を適当に決めておくとわかりやすい．今，$\varepsilon_A = 0$ としておこう．そうすると相互作用した後のエネルギーは，図7.3を参照すると，$-2\Delta_1$ である．相互作用する前のエネルギーは，(d) のとき $\Delta_{AB} \times 2 = 2\Delta_{AB}$ で，(e) のとき $0 \times 1 + \Delta_{AB} \times 1 = \Delta_{AB}$ である．安定化エネルギーは，相互作用した後とする前のエネルギーの差として求まる．したがって(d)：$-2\Delta_1 - 2\Delta_{AB}$, (e)：$-2\Delta_1 - \Delta_{AB}$.

[4] (1) 永年方程式は，

である.

$$\begin{vmatrix} \alpha-\varepsilon & \beta & a\beta & 0 \\ \beta & \alpha-\varepsilon & 0 & a\beta \\ a\beta & 0 & \alpha-\varepsilon & \beta \\ 0 & a\beta & \beta & \alpha-\varepsilon \end{vmatrix} = 0$$

である. $(\alpha-\varepsilon)/\beta = \lambda$ とおくと,

$$\begin{vmatrix} \lambda & 1 & a & 0 \\ 1 & \lambda & 0 & a \\ a & 0 & \lambda & 1 \\ 0 & a & 1 & \lambda \end{vmatrix} = \lambda^4 - 2(1+a^2)\lambda^2 + (1-2a^2+a^4) = 0$$

これを解くと,

$$\lambda^2 = (1+a^2) \pm a\sqrt{4-a+a^2}$$

$a = 0.25$ を代入して,軌道エネルギーはエネルギーが低いほうから,

$$\varepsilon_1 = \alpha + 1.5506\beta$$
$$\varepsilon_2 = \alpha + 0.5744\beta$$
$$\varepsilon_3 = \alpha - 0.5744\beta$$
$$\varepsilon_4 = \alpha - 1.5506\beta$$

シクロブタンの基底状態のエネルギーは,

$$E_g = 2\varepsilon_1 + 2\varepsilon_2 = 4\alpha + 4.040\beta$$

同様に,第1励起状態のエネルギーは,

$$E_e = 2\varepsilon_1 + \varepsilon_2 + \varepsilon_3 = 4\alpha + 3.101\beta$$

(2) 基底状態にある二つのエチレンどうしのエネルギーの和は,

$$E = 4\alpha + 4\beta$$

である.よって,基底状態でシクロブタンができるとすると,$0.040|\beta|$ の安定化が得られる.

(3) 基底状態のエチレンと励起状態のエチレンのエネルギーの和は,

$$E = 4\alpha + 2\beta$$

となる.よって,励起状態でシクロブタンになるとき,$1.101|\beta|$ の安定化が得られる.この安定化エネルギーは,基底状態のときと比べるとずっと大きく,エチレンどうしのディールス-アルダー反応が熱反応では起こらず,光反応で起こるという事実をヒュッケル法でもうまく説明できることがわ

[5] 波動関数 Ψ は規格化されているとしよう．波動方程式

$$\hat{H}\Psi = E\Psi$$

からエネルギー E は，

$$E = \int \Psi^* \hat{H} \Psi \, d\tau$$

である．両辺をパラメータ a で微分すると，

$$\frac{\partial E}{\partial a} = \int \Psi^* \frac{\partial \hat{H}}{\partial a} \Psi \, d\tau + \int \frac{\partial \Psi^*}{\partial a} \hat{H} \Psi \, d\tau + \int \Psi^* \hat{H} \frac{\partial \Psi}{\partial a} \, d\tau$$

が得られる．右辺の第2項と第3項に波動方程式とその複素共役形を使うと，

$$\frac{\partial E}{\partial a} = \int \Psi^* \frac{\partial \hat{H}}{\partial a} \Psi \, d\tau + E \int \left(\frac{\partial \Psi^*}{\partial a} \Psi + \Psi^* \frac{\partial \Psi}{\partial a} \right) d\tau$$

となる．ここで，波動関数 Ψ は規格化されているとしているから，規格化条件

$$\int \Psi^* \Psi \, d\tau = 1$$

をパラメータ a で微分すると，

$$\int \left(\frac{\partial \Psi^*}{\partial \alpha} \Psi + \Psi^* \frac{\partial \Psi}{\partial \alpha} \right) d\tau = 0$$

が得られる．この式を上の式の右辺第2項に代入すると，式 (7.28) のヘルマン-ファインマン定理が得られる．

第8章

[1] 式 (8.9) から，エネルギーに対する相対論的寄与は $3mv^2\beta^2/8$ である．式 (8.5) の $\langle v^2 \rangle = Z^2$ の関係を使うと，相対論効果は Z^4 で効いてくることがわかる．

[2] 基底状態は $n = 1$, $l = 0$ であるから，エネルギーは，

$$E = \frac{1}{\alpha^2} \left[\sqrt{1 - (\alpha Z)^2} - 1 \right]$$

となる．$Z = 50$ と $Z = 100$ を代入すると，それぞれ $E = -1294.6\,\mathrm{au}$

と $E = -5939.2$ au である．非相対論の水素様原子の基底状態のエネルギーは，

$$E = -\frac{1}{2}Z^2$$

であるから，$Z = 50$ と $Z = 100$ のとき，それぞれ $E = -1250$ au と $E = -5000$ au である．差をとることにより，相対論の寄与は $Z = 50$ と $Z = 100$ の場合に対して，それぞれ $E = -44.6$ au と $E = -939.2$ au となる．核電荷が大きくなると，相対論効果が大きくなることがわかる．

[3] スピンを含まないハミルトン演算子 $\hat{H}_0$ と l および s は交換可能であり，結局その和の j とも交換可能である．そこで，スピン-軌道相互作用項との交換関係を調べれば十分である．まず，$\hat{H}_{SO}$ に含まれる l·s と l の交換に関して，l·s は，

$$\text{l·s} = \hat{l}_x \cdot \hat{s}_x + \hat{l}_y \cdot \hat{s}_y + \hat{l}_z \cdot \hat{s}_z$$

で与えられるから，l の x 成分 $\hat{l}_x$ との交換関係は，

$$[\hat{l}_x, \text{l·s}] = [\hat{l}_x, \hat{l}_x] \cdot \hat{s}_x + [\hat{l}_x, \hat{l}_y] \cdot \hat{s}_y + [\hat{l}_x, \hat{l}_z] \cdot \hat{s}_z$$

となる．ここで，角運動量演算子の各成分間の関係

$$[\hat{l}_x, \hat{l}_y] = i\hbar \hat{l}_z, \quad [\hat{l}_y, \hat{l}_z] = i\hbar \hat{l}_x, \quad [\hat{l}_z, \hat{l}_x] = i\hbar \hat{l}_y$$

を使うと，

$$[\hat{l}_x, \text{l·s}] = i\hat{l}_z \cdot \hat{s}_y - i\hat{l}_y \cdot \hat{s}_z$$

となり，$\hat{H}_{SO}$ と $\hat{l}_x$ とは交換しないことがわかる．同様に l の y 成分 $\hat{l}_y$ と z 成分 $\hat{l}_z$ に関しても $\hat{H}_{SO}$ とは交換しない．つまり，スピン-軌道相互作用 $\hat{H}_{SO}$ を含むハミルトン演算子 $\hat{H}$ と軌道角運動量演算子 l は交換しないことがわかる．

次に，$\hat{H}_{SO}$ と全角運動量演算子 j の交換関係に関しては，スピン角運動量演算子 s に対しても，

$$[\hat{s}_x, \text{l·s}] = -i\hat{s}_y \cdot \hat{l}_z + i\hat{s}_z \cdot \hat{l}_y$$

が得られるから，

$$[\hat{j}_x, \text{l·s}] = [\hat{l}_x + \hat{s}_x, \text{l·s}] = [\hat{l}_x, \text{l·s}] + [\hat{s}_x, \text{l·s}] = 0$$

となり，$\hat{H}_{SO}$ と $\hat{j}_x$ は交換する．結局，スピン-軌道相互作用 $\hat{H}_{SO}$ を含むハミルトン演算子 $\hat{H}$ と全角運動量演算子 j は交換することがわかる．

[4] (1) $\langle {}^1\Psi | \hat{H}_0 | {}^3\Psi \rangle = 0$ を示せばいいが,$\hat{H}_0$ はスピンを含まないのでスピン部分だけを考えて,$\langle S | T_i \rangle = 0$,$i = +1, 0, -1$ であることを示せばいい.式 (5.82) のスピン関数に関する規格直交性を使うと,$\langle S | T_i \rangle = 0$,$i = +1, 0, -1$ となることがわかる.

(2) 2電子系に対してスピン-軌道相互作用項は,

$$\hat{H}_{SO} = \sum_{i=1}^{2} \lambda_i \mathbf{l}(i) \cdot \mathbf{s}(i)$$

$$= \sum_{i=1}^{2} \lambda_i [\,\hat{l}_x(i)\hat{s}_x(i) + \hat{l}_y(i)\hat{s}_y(i) + \hat{l}_z(i)\hat{s}_z(i)\,]$$

である.解答では,$\hat{H}_{SO}$ の z 成分 $\hat{H}_{SOz}$ だけに着目しておこう.x 成分と y 成分に対しても同様に議論できる.$\hat{H}_{SOz}$ を変形すると,

$$\hat{H}_{SOz} = \sum_{i=1}^{2} \lambda_i \hat{l}_z(i) \hat{s}_z(i)$$

$$= \frac{1}{2}[\,\lambda_1 \hat{l}_z(1) + \lambda_2 \hat{l}_z(2)\,]\,[\,\hat{s}_z(1) + \hat{s}_z(2)\,]$$

$$+ \frac{1}{2}[\,\lambda_1 \hat{l}_z(1) - \lambda_2 \hat{l}_z(2)\,]\,[\,\hat{s}_z(1) - \hat{s}_z(2)]$$

となる.そこで,スピン部分だけに着目して,$\langle S | \hat{s}_z(1) + \hat{s}_z(2) | T_i \rangle$ と $\langle S | \hat{s}_z(1) - \hat{s}_z(2) | T_i \rangle$ が0でない値をもつ場合があることを示せばいい.ここでは,T_0 に関してだけ計算しておこう.

$$\hat{s}_z(i)\alpha(i) = \frac{1}{2}\alpha(i),\quad \hat{s}_z(i)\beta(i) = -\frac{1}{2}\beta(i)$$

であることを使うと,

$[\,\hat{s}_z(1) + \hat{s}_z(2)\,]\alpha(1)\beta(2) = [\,\hat{s}_z(1)\alpha(1)\,]\beta(2) + \alpha(1)[\,\hat{s}_z(2)\beta(2)\,] = 0$
$[\,\hat{s}_z(1) + \hat{s}_z(2)\,]\beta(1)\alpha(2) = 0$
$[\,\hat{s}_z(1) - \hat{s}_z(2)\,]\alpha(1)\beta(2) = \alpha(1)\beta(2)$
$[\,\hat{s}_z(1) - \hat{s}_z(2)\,]\beta(1)\alpha(2) = -\beta(1)\alpha(2)$

である.この関係を使うと,

$\langle S|\hat{s}_z(1) + \hat{s}_z(2)|T_0\rangle$
$= \dfrac{1}{2}\langle \alpha(1)\beta(2) - \beta(1)\alpha(2)|\hat{s}_z(1) + \hat{s}_z(2)|\alpha(1)\beta(2) + \beta(1)\alpha(2)\rangle = 0$
$\langle S|\hat{s}_z(1) - \hat{s}_z(2)|T_0\rangle$
$= \dfrac{1}{2}\langle \alpha(1)\beta(2) - \beta(1)\alpha(2)|\hat{s}_z(1) - \hat{s}_z(2)|\alpha(1)\beta(2) + \beta(1)\alpha(2)\rangle = 1$

となり,一重項と三重項がスピン-軌道相互作用によりカップルすることが理解できるだろう.りん光が観測されるのは,一重項状態と三重項状態がスピン-軌道相互作用を通してカップルするためである.

[5] 具体的に二つのパウリ行列の積を求めてみると,

$$\sigma_1\sigma_1 = \sigma_2\sigma_2 = \sigma_3\sigma_3 = \begin{pmatrix} 1 & 0 \\ 0 & 1 \end{pmatrix} = I$$

$$\sigma_1\sigma_2 = \begin{pmatrix} i & 0 \\ 0 & -i \end{pmatrix} = i\sigma_3, \quad \sigma_2\sigma_1 = \begin{pmatrix} -i & 0 \\ 0 & i \end{pmatrix} = -i\sigma_3$$

$$\sigma_2\sigma_3 = \begin{pmatrix} 0 & i \\ i & 0 \end{pmatrix} = i\sigma_1, \quad \sigma_3\sigma_2 = \begin{pmatrix} 0 & -i \\ -i & 0 \end{pmatrix} = -i\sigma_1$$

$$\sigma_3\sigma_1 = \begin{pmatrix} 0 & 1 \\ -1 & 0 \end{pmatrix} = i\sigma_2, \quad \sigma_1\sigma_3 = \begin{pmatrix} 0 & -1 \\ 1 & 0 \end{pmatrix} = -i\sigma_2$$

となる.

(1) $\sigma_1\sigma_1 + \sigma_1\sigma_1 = \sigma_2\sigma_2 + \sigma_2\sigma_2 = \sigma_3\sigma_3 + \sigma_3\sigma_3 = 2I$
$\sigma_1\sigma_2 + \sigma_2\sigma_1 = \sigma_2\sigma_3 + \sigma_3\sigma_2 = \sigma_3\sigma_1 + \sigma_1\sigma_3 = 0$

であるから,まとめて書くと,$\sigma_l\sigma_m + \sigma_m\sigma_l = 2\delta_{lm}I$.

(2) $\sigma_1\sigma_1 - \sigma_1\sigma_1 = \sigma_2\sigma_2 - \sigma_2\sigma_2 = \sigma_3\sigma_3\sigma_3\sigma_3 = 0$
$\sigma_1\sigma_2 - \sigma_2\sigma_1 = 2i\sigma_3, \quad \sigma_2\sigma_3 - \sigma_3\sigma_2 = 2i\sigma_1, \quad \sigma_3\sigma_1 - \sigma_1\sigma_3 = 2i\sigma_2$

となるので,レヴィ・チヴィタの記号 ε_{ijk} を使ってまとめて書くと,
$\sigma_l\sigma_m - \sigma_m\sigma_l = 2i\sum_{n=1}^{3}\varepsilon_{lmn}\sigma_n$.

(3) (1) と (2) の結果を両辺足し合わせると，(3) が成り立つことがわかる．

(4) $\sigma_l^\dagger \sigma_l = \mathbf{I}$ が成り立つので，σ_l はユニタリー行列である．

(5) 式 (9.15) の外積の定義を使う．

$$\boldsymbol{\sigma} \times \boldsymbol{\sigma} = \sum_{l,m,n=1}^{3} \varepsilon_{lmn} \mathbf{e}_l \sigma_m \sigma_n$$
$$= \mathbf{e}_1(\sigma_2\sigma_3 - \sigma_3\sigma_2) + \mathbf{e}_2(\sigma_3\sigma_1 - \sigma_1\sigma_3) + \mathbf{e}_3(\sigma_1\sigma_2 - \sigma_2\sigma_1)$$

(2) の結果を使うと，

$$\boldsymbol{\sigma} \times \boldsymbol{\sigma} = 2i \sum_{l=1}^{3} \mathbf{e}_l \sigma_l = 2i\boldsymbol{\sigma}$$

(6) $(\boldsymbol{\sigma}\cdot\mathbf{u})(\boldsymbol{\sigma}\cdot\mathbf{v}) = \left(\sum_{l=1}^{3} \sigma_l u_l\right)\left(\sum_{m=1}^{3} \sigma_m v_m\right) = \sum_{l,m=1}^{3} u_l v_m \sigma_l \sigma_m$

(3) の結果を使うと，

$$(\boldsymbol{\sigma}\cdot\mathbf{u})(\boldsymbol{\sigma}\cdot\mathbf{v}) = \sum_{l,m=1}^{3} u_l v_m \left(\delta_{lm}\mathbf{I} + i\sum_{n=1}^{3} \varepsilon_{lmn}\sigma_n\right)$$
$$= \sum_{l,m=1}^{3} u_l v_m \delta_{lm}\mathbf{I} + i\sum_{n=1}^{3} \sigma_n (\mathbf{e}_n \mathbf{e}_n) \sum_{l,m=1}^{3} \varepsilon_{lmn} u_l v_m$$
$$= \sum_{l,m=1}^{3} u_l v_m \delta_{lm}\mathbf{I} + i\left(\sum_{n=1}^{3} \mathbf{e}_n \sigma_n\right)\left(\sum_{l,m=1}^{3} \varepsilon_{lmn} \mathbf{e}_n u_l v_m\right)$$
$$= \mathbf{u}\cdot\mathbf{v} + i\boldsymbol{\sigma}\cdot(\mathbf{u}\times\mathbf{v})$$

[6] $2mc^2 - V$ に比べて E が十分小さいとすると，

$$\frac{c^2}{2mc^2 - (V-E)} = \frac{c^2}{2mc^2 - V}\left(1 + \frac{E}{2mc^2 - V}\right)^{-1}$$
$$\cong \frac{c^2}{2mc^2 - V}\left(1 - \frac{E}{2mc^2 - V}\right)$$

この式で第 2 項以降が無視できるほど小さいとして，式 (8.61) に代入すると，

$$\left[V + (\boldsymbol{\sigma}\cdot\mathbf{p})\frac{c^2}{2mc^2 - V}(\boldsymbol{\sigma}\cdot\mathbf{p})\right]\Psi^{\mathrm{L}} = E\Psi^{\mathrm{L}}$$

となる．この近似は，ZORA (zeroth-order regular approximation) と呼ばれる．

225

索　引

イ

1次結合　177
1次従属　177
1次独立　177
1価性　17
一般化された密度勾配
　近似　126
井戸型ポテンシャル　19

ウ

ウォルシュ則　136
ウォルシュダイアグラム
　136
ウッドワード-
　ホフマン則　147
運動エネルギー　15
運動方程式　2

エ, オ

永年方程式　49, 188
エネルギー微分法　147
エルミート演算子　11
エルミート共役行列
　182
エルミート行列　181
エルミート形式　189
エルミート多項式　25
演算子　8
オービタル　7

カ

外積　175
ガウス型関数　53, 103
ガウス型軌道　103
ガウス積の定理　104
ガウスの消去法　188
化学反応　134
可換　9, 181
角運動量　41
拡張ヒュッケル法　73
重なり行列　98
仮想軌道　99
活性空間　123
換算質量　31
観測量　11

キ

規格化　10
規格化条件　10
規格化定数　25
期待値　13
基底関数　97
基底状態　4
軌道エネルギー　91
軌道角運動量　41
軌道指数　103
軌道制御　138
軌道相互作用　138
逆行列　182
球面調和関数　34
共鳴積分　63

ク

空間軌道　59
空軌道　99
空孔　161
空孔理論　162
クープマンスの定理
　107
クールソン-ラシュブ
　ルックの定理　69
クーロン演算子　87
クーロン積分　63, 83
クライン-ゴードン
　方程式　159
クラスター展開法　115,
　120
グラム-シュミットの
　正規直交化　177
クラメールの公式　187
クロネッカーのデルタ
　記号　10

ケ

結合次数　68
ケットベクトル　14
原子ガウス型関数　105
原子軌道　96
原子単位　5

コ

交換演算子　87
交換可能　181
交換子　9
交換積分　83
交換相関エネルギー
　汎関数　125
交換相関汎関数　125
交換相関ポテンシャル
　127
交互炭化水素　69
構造最適化　148
ゴウント演算子　165
コーン-シャム演算子
　127
コーン-シャム軌道　125
コーン-シャム近似　125
コーン-シャム方程式
　127
国際単位系　5
固有関数　9
　——の2乗　10
固有振動数　24
固有値　9, 188
固有ベクトル　9, 188
固有方程式　9, 188
混成汎関数　127

サ

最高占有分子軌道　143
最小基底関数系　105
最低非占有分子軌道
　143
サラスの方法　183

シ

磁気量子数　33
試行関数　48
自己無撞着場の手続き
　101
質量速度項　170
重原子効果　152, 155
収束　102
縮退　40
シュミットの正規直交化
　177
主量子数　33
シュレーディンガーの
　波動方程式　7

ス

水素原子　31
　——の波動関数　37
　——のボーア半径　35
水素様原子　29
スカラー　173
スピン-軌道効果　152, 155
スピン-軌道相互作用項
　170
スピン角運動量　41
スピン軌道　59
スピン磁気量子数　58
スピン量子数　58
スレーター型関数　38, 103
スレーター型軌道　103
スレーター行列式　77

セ

正規直交　177

制限付きハートリー-
　フォック法　92
正準軌道　91
正準形式のハートリー-
　フォック方程式　91
正準直交化　101
正準ハートリー-
　フォック軌道　91
生成物　134
正則行列　182
静的電子相関　112
正方行列　179
ゼーマン効果　58
摂動法　49, 114, 119
遷移状態　134
線形結合　177
線形従属　177
線形独立　177
占有軌道　99

ソ

相対性理論　151
相対論　151
相対論的収縮　153

タ

ダーウィン項　170
対角行列　179
対称行列　181
対称直交化　101
多参照電子相関法　115
多配置 SCF 法　115, 122
単位行列　179
単位ベクトル　177
単参照電子相関法　115
短縮ガウス型基底　104
短縮係数　105

索引

単純ヒュッケル法　73
断熱近似　56

チ

中間規格化　121
調和振動子　24
直交　10, 175
直交行列　189
直交座標　32
直交条件　10

ツ

つじつまの合った場の
　手続き　101
積み重ねの原理　99

テ

定常状態　8
ディラック-クーロン
　ハミルトン演算子
　165
ディラック-ハートリー-
　フォック法　165
ディラック行列　160
ディラック方程式　160
電荷制御　138
電子状態　57
電子占有数　62
電子相関　111
電子相関エネルギー
　112
電子のスピン　58
電子密度　68
転置行列　181

ト

ド・ブロイの関係式　6

ド・ブロイ波長　6
動径分布　44
同時固有関数　12
同時固有状態　12
動的電子相関　112
独立粒子モデル　75
トレース　179

ナ, ニ, ノ

内積　174
2次形式　189
二重性　6
ニュートンの運動方程式
　2
ノルム　175

ハ

ハートリー-フォック法
　75
　制限付き――　92
　非制限――　92
　ポスト――　112
ハートリー-フォック
　方程式　89
　正準形式の――　91
ハートリー-フォック-
　ローターン法　100
ハートリー-フォック-
　ローターン方程式
　100
ハートリー積　77
配置関数　117
配置間相互作用法　114
パウリスピン行列　160
パウリの原理　76
パウリの排他原理　76
箱型ポテンシャル　19

波動関数　7
波動性　6
波動方程式　7
ハミルトン演算子　8
ハミルトン関数　14
汎関数　123
半占有分子軌道　143
反応経路　134
反応中間体　134
反応物　134

ヒ

非局在化エネルギー　68
非経験的分子軌道法　76
微細構造定数　171
非制限ハートリー-
　フォック法　92
ヒュッケル分子軌道法
　60
標準化　189
標準形　189

フ

フェルミ粒子　76
フォック演算子　89
フォック行列　98
ブライト-パウリ近似
　168
ブライト-パウリ方程式
　170
ブライト相互作用　165
ブラケット表現　13
ブラベクトル　14
プランク定数　4
ブリルアンの定理　119
フロンティア軌道　142

索引

フロンティア軌道理論 142
フロンティア電子密度 143
分割価電子基底関数 105
分極関数 106
分子軌道 59
分子軌道係数 62, 97

ヘ

べき等元 78
ベクトル 173
ヘルマン-ファインマン定理 148
変分原理 47
変分法 46

ホ

方位量子数 33
ボーアの原子モデル 3
ボーアの量子条件 4
ボーア半径 4
ボース粒子 76
ホーヘンベルグ-コーンの定理 123
ポストハートリー-フォック法 115
ポテンシャルエネルギー 15
ボルン-オッペンハイマー近似 56

ミ, メ

密度行列 98
密度汎関数法 115, 123
メラー-プレセット摂動法 119

ユ

有限性 18
ユニタリー行列 89, 189

ヨ

余因子展開 183, 184
要素 173
陽電子 161
4成分スピノル 160

ラ, リ, ル

ラグランジェの未定乗数法 86
リッツの変分法 48
粒子性 6
量子化 22
―― の手続き 15
量子化学 1
量子論 1
ルジャンドル演算子 33

レ

励起状態 4
零行列 179
零点エネルギー 22
零点振動 26
レヴィ-チヴィタの記号 176
連続性 17

欧文, その他

ab initio 分子軌道法 76
CASSCF 法 122
CI 法 114, 117
Full CI 法 118
GGA 126
GTF 103
GTO 103
HOMO 143
large 成分 164
LCAO 展開 97
LDA 126
LUMO 143
mass velocity 項 170
MCSCF 法 115
MP2 法 120
orbital 7
RHF 法 92
self-consistent field (SCF) の手続き 101
small 成分 164
SOMO 143
STF 103
STO 103
UHF 法 92

著者略歴

中嶋隆人(なかじまたかひと)

1967年鳥取県生まれ．1991年早稲田大学理工学部化学科卒業．1993年同大学大学院理工学研究科化学専攻修士課程修了．1996年京都大学大学院工学研究科合成・生物化学専攻博士課程研究指導認定退学．1997年博士(工学)．1999年東京大学大学院工学系研究科助手．2003年同大学講師．2004年助教授．2007年から改称により准教授．

化学の指針シリーズ　量子化学 —分子軌道法の理解のために—

2009年10月20日　第1版1刷発行

検印省略

定価はカバーに表示してあります．

著作者	中嶋隆人
発行者	吉野和浩
発行所	東京都千代田区四番町8番地 電話　03-3262-9166（代） 郵便番号　102-0081 株式会社　裳華房
印刷所	三報社印刷株式会社
製本所	株式会社　青木製本所

社団法人 自然科学書協会会員 NSPA

JCOPY〈(社)出版者著作権管理機構　委託出版物〉
本書の無断複写は著作権法上での例外を除き禁じられています．複写される場合は，そのつど事前に，(社)出版者著作権管理機構（電話03-3513-6969，FAX 03-3513-6979，e-mail: info@jcopy.or.jp）の許諾を得てください．

ISBN 978-4-7853-3225-9

Ⓒ 中嶋隆人，2009　　Printed in Japan

化学の指針シリーズ

全17巻　各A5判　　編集委員会　井上祥平・伊藤　翼・岩澤康裕
　　　　　　　　　　　　　　　大橋裕二・西郷和彦・菅原　正

- ◆ 化学環境学　　　　　　　　　　　　　御園生　誠 著　定価 2625 円
- ◇ 生物無機化学　　　　　　　　　　　　塩谷光彦 著　続刊
- ◆ 錯体化学　　　　　　　　　　佐々木陽一・柘植清志 共著　近刊
- ◇ 高分子化学　　　　　　　　　　西　敏夫・讃井浩平 共著　続刊
- ◆ 化学プロセス工学
　　　　　　小野木克明・田川智彦・小林敬幸・二井　晋 共著　定価 2520 円
- ◇ 触媒化学　　　　　　　　岩澤康裕・岩本正和・丸岡啓二 共著　続刊
- ◇ 物性化学　　　　　　　　　　　　　　菅原　正 著　続刊
- ◆ 有機反応機構　　　　　加納航治・西郷和彦 共著　定価 2730 円
- ◆ 生物有機化学 ―ケミカルバイオロジーへの展開―
　　　　　　　　　　　　　　宍戸昌彦・大槻高史 共著　定価 2415 円
- ◆ 有機工業化学　　　　　　　　　　　　井上祥平 著　定価 2625 円
- ◇ 無機材料化学　　　　　　　　　　　　河本邦仁 他 共著　続刊
- ◆ 量子化学 ―分子軌道法の理解のために―　中嶋隆人 著　定価 2625 円
- ◇ 表面・界面の化学
　　　　　　　　　　　　有賀哲也・川合真紀・松本吉泰 共著　続刊
- ◆ 分子構造解析　　　　　　　　　　　　山口健太郎 著　定価 2310 円
- ◇ 有機金属化学　　　　　　　　　岩澤伸治・友岡克彦 共著　続刊
- ◇ 電子移動の化学　　　　　　　　　　　福住俊一 著　続刊
- ◇ 超分子の化学　　　　　　　　　　　　菅原　正 他 共著　続刊

◆ 既刊，◇ 未刊（書名は一部変更になる場合があります）　2009 年 10 月現在

裳華房　SHOKABO
電子メール　info@shokabo.co.jp
ホームページ　http://www.shokabo.co.jp/